校园常见绿化植物识别手册

石登红 刘 燕◎编著

西南交通大学出版社
·成都·

图书在版编目（ＣＩＰ）数据

校园常见绿化植物识别手册／石登红，刘燕编著.
—成都：西南交通大学出版社，2016.9（2018.1 重印）
ISBN 978-7-5643-4924-0

Ⅰ . ①校… Ⅱ . ①石… ②刘… Ⅲ . ①校园 – 园林植
物 – 手册 Ⅳ . ①S68-62

中国版本图书馆 CIP 数据核字（2016）第 199864 号

校园常见绿化植物识别手册

石登红　刘　燕　编著

责 任 编 辑	牛　君	
特 邀 编 辑	王雅琴	
封 面 设 计	严春艳	
出 版 发 行	西南交通大学出版社 （四川省成都市二环路北一段 111 号 西南交通大学创新大厦 21 楼）	
发 行 部 电 话	028-87600564　028-87600533	
邮 政 编 码	610031	
网　　　　址	http://www.xnjdcbs.com	
印　　　　刷	四川玖艺呈现印刷有限公司	
成 品 尺 寸	185 mm × 260 mm	
印　　　　张	13.25	
字　　　　数	297 千	
版　　　　次	2016 年 9 月第 1 版	
印　　　　次	2018 年 1 月第 2 次	
书　　　　号	ISBN 978-7-5643-4924-0	
定　　　　价	48.00 元	

《校园常见绿化植物识别手册》
编写人员名单

石登红　　刘　燕　　唐晓昆　　陶成铭

付　婷　　严苓方　　曾　力　　汤　茜

吴　佳　　祖　盼　　沈　霞　　程　坤

王洪樟　　孟丽萍

前　言

　　贵州省独特的喀斯特地貌造就了丰富的植物资源，贵阳市作为全国生态文明城市首批建设点城市，在城市环境建设方面做出了许多亮点工作。贵阳学院是贵阳市属唯一的本科院校，肩负着为贵阳地区培养建设人才的重任。贵阳学院园林专业自 2009 年招收本科专业学生以来，一直秉承着"突出适用，服务本地"的办学原则，充分利用地方丰富的资源为人才培养提供有力保障。贵阳学院被誉为"贵州省优美校园"、"绿色大学"，校园环境优美，景观设计科学合理，校园内已调查的植物有 74 科 128 属 156 种，均为常见园林绿化植物。校园作为教学的理想实践基地，多年来一直为园林专业学生提供较好的学习平台。编写组成员于 2008 年对校园植物进行挂牌，经过多年的实践探索，编撰了此书。

　　在编写中，将校园常见园林绿化植物进行了梳理，对植物的花、果、叶捕捉了特写镜头，并且简要描述了植物的形态识别特征、用途等，按照恩格勒系统排序，是一本适合在校学生认识和了解园林绿化植物的识别手册。

　　本书的编写人员及分工如下：石登红负责带领小组成员，按照不同季节对校园植物进行图像采集，并对其详细分类；刘燕负责整个项目的实施方案、书的编排和撰写前言；唐晓昆、付婷、陶成铭、严苓方、曾力、汤茜、吴佳、祖盼、沈霞、程坤、王洪樟、孟丽萍等成员主要负责图像收集和文字校正。

　　本书的编写得到贵州省省级重点学科"生态学"、贵州省省级卓越农林人才计划项目、贵阳学院科技处学科经费的支持。

　　限于编者水平，书中错误和欠妥之处在所难免，恳请有关专家、同行和读者批评指正。

编　者

2016 年 4 月

目　录

1 苏 铁

别　　名：铁树、辟火蕉、凤尾蕉、凤尾松、凤尾草
科　　名：苏铁科
属　　名：苏铁属
拉 丁 名：*Cycas revoluta* Thunb.
识别要点：雌雄异株，树干盆栽高约 2 m，地栽高达 8 m 或更高；羽状叶从茎的顶部生出，
　　　　　果叶形似狐尾，末端多硬刺，表面多绒毛，下层的向下弯，上层的斜上伸展，整
　　　　　个羽状叶的轮廓呈倒卵状狭披针形，羽状裂片达 100 对以上，条形、厚革质、坚
　　　　　硬，向上斜展微成 "V" 字形，边缘显著地向下反卷，上部微渐窄，先端有刺状
　　　　　尖头，基部窄，两侧不对称，下侧下延生长，上面深绿色有光泽，中央微凹，凹
　　　　　槽内有稍隆起的中脉，下面浅绿色，中脉显著隆起，两侧有疏柔毛或无毛。雄球
　　　　　花圆柱形，大孢子叶长，密生淡黄色或淡灰黄色绒毛。种子红褐色或橘红色，倒
　　　　　卵圆形或卵圆形。花期 6～8 月，种子 10 月成熟。
用　　途：观叶型植物。

苏铁雄花

苏铁雌花

苏铁果

苏铁植株

2 银 杏

别　　名：白果、公孙树、鸭脚树、蒲扇
科　　名：银杏科
属　　名：银杏属
拉 丁 名：*Ginkgo biloba* L.
识别要点：落叶乔木；叶互生，在长枝上辐射状散生，在短枝上3~5枚成簇生状，有细长的叶柄，扇形，两面淡绿色，无毛，有多数叉状并列细脉，在宽阔的顶缘多具缺刻或2裂，具多数叉状并列细脉；在长枝上散生，在短枝上簇生。球花雌雄异株，单性，生于短枝顶端的鳞片状叶腋内，呈簇生状。种子具长梗，下垂，常为椭圆形、长倒卵形、卵圆形或近圆球形，假种皮骨质，白色。花期4月，果期10月。
用　　途：观叶型植物，是速生丰产林、农田防护林、护路林、护岸林、护滩林、护村林、林粮间作及四旁绿化的理想树种。

银杏叶

银杏果

银杏叶春色

银杏叶秋色

3 马尾松

别　　名：青松、山松、枞松
科　　名：松科
属　　名：松属
拉 丁 名：*Pinus massoniana* Lamb.
识别要点：树枝平展或斜展，树冠宽塔形或伞形，针叶 2 针 1 束，边缘有细锯齿。球果卵圆形或圆锥状卵圆形，成熟前绿色，成熟时栗褐色。花期 4 ~ 5 月，球果第二年 10 ~ 12 月成熟。
用　　途：马尾松耐烟尘、耐水，适宜山涧、谷中、岩际、池畔、道旁配植，山地造林，道路绿化；也适合在庭前、亭旁、假山之间孤植。

马尾松针叶

马尾松果

马尾松林

4 雪 松

别　　名：香柏、宝塔松、番柏、喜马拉雅山雪松
科　　名：松科
属　　名：雪松属
拉 丁 名：*Cedrus deodara (Roxb.)* G. Don.
识别要点：乔木，高达 30 m 左右，胸径可达 3 m；树皮深灰色，裂成不规则的鳞片状；枝平展、微斜展或微下垂，基部宿存芽鳞向外反曲，小枝常下垂，叶在长枝上辐射伸展，短枝之叶成簇生状，叶针形，坚硬，淡绿色或深绿色。雄球花长卵圆形、椭圆形或卵圆形，雌球花卵圆形。球果成熟前淡绿色，微有白粉，成熟时红褐色，卵圆形或宽椭圆形。
用　　途：雪松是世界著名的庭园观赏树种之一，它具有较强的防尘、减噪与杀菌能力，也适宜作为工矿区的绿化树种。雪松树体高大，树形优美，最适宜孤植于草坪中央、建筑前庭中心、广场中心或主要建筑物的两旁及园门的入口等处。

雪松景观

雪松叶

5 柳 杉

别　　名：长叶孔雀松
科　　名：杉科
属　　名：柳杉属
拉 丁 名：*Cryptomeria fortunei* Hooibrenk ex Otto et Dietr.
识别要点：乔木；树皮红棕色，小枝细长下垂，绿色，枝条中部叶较长，两端逐渐变短；叶稍向内弯曲，雄球花长椭圆形，单生叶腋多在小枝上部，雌球花顶生于短枝上。花期 4 月，果期 10 月。
用　　途：适用于绿地公园行道树，可孤植也可群植；亦可用于家具、房屋建筑及造纸等。

柳杉植株

柳杉景观

柳杉果

柳杉果

6 侧 柏

别　　名：扁柏
科　　名：柏科
属　　名：侧柏属
拉丁名：*Platycladus orientalis* (L.) Franco
识别要点：常绿乔木；树皮淡灰褐色，细条状纵裂，幼树树冠尖塔形，老树广圆形；叶枝扁平，排成一平面，鳞叶形小，长 1～2 mm。雌雄同株。球果卵圆形，熟时褐色，开裂，种鳞木质。花期 3～4 月，果期 9～10 月。
用　　途：绿篱，花坛中心种植，对植于道路入口，用作混交林。

侧柏叶

侧柏丛林

侧柏植株

7　罗汉松

别　　名：罗汉杉、土杉
科　　名：罗汉松科
属　　名：罗汉松属
拉丁名：*Podocarpus macrophyllus* (Thunb.)D.Don.
识别要点：乔木；树皮灰色浅纵裂；枝斜开展，较密；叶螺旋状着生，条状披针形尖端。雄
　　　　　球花花穗状、腋生；雌球花单生叶腋，有梗。种子卵圆形。花期4~5月，果期8~
　　　　　9月。
用　　途：可作为家具、农具、文具等的原材料；盆栽于室内，可作为装饰。

罗汉松果

罗汉松植株

罗汉松花絮

罗汉松春色

罗汉松新枝

8 竹 柏

别　　名：椰树、罗汉柴
科　　名：罗汉松科
属　　名：罗汉松属
拉 丁 名：*Podocarpus nagi* (Thunb.) Zoll. et Mor ex Zoll.
识别要点：叶对生，革质，长卵形、卵状披针形或披针状椭圆形，有多数并列的细脉，无中脉，上面深绿色，有光泽，下面浅绿色，上部渐窄，基部楔形或宽楔形，向下窄成柄状。雄球花穗状，圆柱形，单生叶腋，雌球花单生叶腋，稀成对腋生。种子圆球形，成熟时假种皮暗紫色，有白粉。花期 3 ~ 4 月，果期 10 月。
用　　途：广泛用于庭园、住宅小区、街道等地段的绿化；全株可入药。

竹柏叶

竹柏丛

竹柏大树

竹柏果

9 红豆杉

别　　名：红豆树、观音杉
科　　名：红豆杉科
属　　名：红豆杉属
拉 丁 名：*Taxus chinensis* (Pilger) Rehd.
识别要点：乔木，高达 30 m，胸径达 60～100 cm；树皮灰褐色、红褐色或暗褐色，裂成条片脱落；大叶排列成 2 列，条形，微弯或较直，长 1～3 cm（多为 1.5～2.2 cm），宽 2～4 mm（多为 3 mm），上部微渐窄，先端常微急尖、稀急尖或渐尖，上面深绿色，有光泽，下面淡黄绿色，有两条气孔带，中脉带上有密生均匀而微小的圆形角质乳头状突起点，常与气孔带同色，稀色较浅。雄球花淡黄色。种子生于杯状红色肉质的假种皮中，常呈卵圆形，上部渐窄，稀倒卵状，长 5～7 mm，径 3.5～5 mm，微扁或圆，上部常具 2 条钝棱脊，稀上部三角状具 3 条钝脊，先端有突起的短钝尖头，种脐近圆形、宽椭圆形或稀三角状圆形。花期 4～5 月，果期 6～11 月。
用　　途：观果型，混交林。

红豆杉叶

红豆杉植株

红豆杉果

红豆杉花

10 杨 梅

别　　名：圣生梅、白蒂梅、树梅

科　　名：杨梅科

属　　名：杨梅属

拉 丁 名：*Myrica rubra* (Lour.) S. et Zucc.

识别要点：常绿乔木；小枝及芽无毛；叶革质，无毛，生存至 2 年脱落，常密集于小枝上端部分；多生于萌发条上者为长椭圆状或楔状披针形，顶端渐尖或急尖，边缘中部以上有稀疏的锐锯齿，中部以下常为全缘，基部楔形。花雌雄异株，雄花序单独或数条丛生于叶腋，圆柱状；雌花序常单生于叶腋，较雄花花序短而细瘦。花期4 月，果期 6 月。

用　　途：园林绿化结合生产的优良树种，孤植、丛植或列植；若采用密植方式来分隔空间或起遮蔽作用也很理想。

杨梅果

杨梅植株

杨梅叶

11 核 桃

别　　名：胡桃
科　　名：胡桃科
属　　名：胡桃属
拉 丁 名：*Juglans regia* L.
识别要点：落叶乔木，高达 20～25 m；树干较别的种类矮，树冠广阔；树皮幼时灰绿色，老时则灰白色而纵向浅裂；小枝无毛，具光泽，被盾状着生腺体，灰绿色，后带褐色。奇数羽状复叶，小叶通常 5～9 枚，稀 3 枚，椭圆状卵形至长椭圆形，边缘全缘或在幼树上者具稀疏细锯齿，上面深绿色，无毛，下面淡绿色，顶生小叶常具长 3～6 cm 的小叶柄；雄性葇荑花序下垂。雄花的苞片、小苞片及花被片均被腺毛；雌性穗状花序通常具 1～3（4）雌花。果实近于球状，果核稍具皱曲，有 2 条纵棱，顶端具短尖头。花期 5 月，果期 10 月。
用　　途：观果型，园景树。

核桃果

核桃植株

核桃叶

12 柳 树

别　　名：旱柳、立柳
科　　名：杨柳科
属　　名：柳属
拉 丁 名：*Salix babylonica* L.
识别要点：乔木；树冠卵圆形；树皮灰黑色，纵裂；小枝斜向上生长，无顶芽；单叶互生，
　　　　　叶披针形，两端渐尖，基部楔形，叶缘有细齿，叶背微白，伏生绢毛；雌雄异株；
　　　　　花多先于叶开放；种子小，有丝状细毛。花期3~4月，果期4~5月。
用　　途：发芽早、落叶迟，可片植、列植、林植，作为绿化树种、河岸防护及沙地防护树种。

柳树春叶

柳树夏叶

柳树夏景

柳树丛

13　龙须柳

别　　名：立柳、直柳
科　　名：杨柳科
属　　名：柳属
拉 丁 名：*Salix matsudana. Koidz.*
识别要点：落叶乔木；树冠圆卵形或倒卵形；树皮灰黑色，纵裂；枝条斜展，小枝淡黄色或绿色，无毛，枝顶微垂，无顶芽；叶互生，披针形至狭披针形，先端长渐尖，基部楔形，缘有细锯齿，叶背有白粉；托叶披针形，早落；雌雄异株，荑黄花序；种子细小，基部有白色长毛。花期 3 月，果期 4～5 月。
用　　途：园林中常种植在公园、庭院、校园的道路旁，作为行道树；也可与其他植物配植成景观。

龙须柳叶

龙须柳夏景

14 响叶杨

别　　名： 风响树、团叶白杨、白杨树

科　　名： 杨柳科

属　　名： 杨属

拉 丁 名： *Populus adenopoda* Maxim.

识别要点： 树皮灰白色，光滑，老时深灰色，纵裂；树冠卵形；小枝较细，暗赤褐色，被柔
毛；老枝灰褐色，无毛。叶卵状圆形或卵形，先端渐尖，基部截形或心形，少数
近圆形或楔形，边缘有内曲圆锯齿，齿端有腺点。花期3~4月，果期4~5月。

用　　途： 响叶杨是一种分布广、生长迅速、容易繁殖、适应性强、材质好的优良阔叶树
种，可作为山林和四旁绿化树种。

响叶杨行道树

响叶杨叶

15 青 冈

别　　名：紫心木、青栲、花梢树、细叶桐、铁栎
科　　名：壳斗科
属　　名：栎属
拉 丁 名：*Cyclobalanopsis glauca* (Thunb.) Oerst.
识别要点：落叶乔木或灌木；叶片较大，呈倒卵形、椭圆状倒卵形，且叶缘为大齿状；被棕黄色绒毛。坚果长椭圆形或卵状长椭圆形，无毛。花期4月，果期10月。
用　　途：青冈枝叶繁茂、终冬不落，宜用作庭荫树于草坪中孤植、丛植或在山坡上成片种植；也可作为其他花灌木的背景树。

青冈叶

青冈丛

16 朴 树

别　　名：黄果朴、白麻子朴、朴榆、紫荆朴、小叶朴
科　　名：榆科
属　　名：朴属
拉 丁 名：*Celtis sinensis* Pers.
识别要点：落叶乔木，枝被密毛；叶革质，呈宽卵形至狭卵形。花杂性（两性花和单性花同
　　　　　株），1~3 朵生于当年枝的叶腋；花被片 4。核果近球形，红褐色；果柄较叶柄近
　　　　　等长。花期 3~4 月，果期 9~10 月。
用　　途：主要用于绿化道路，栽植公园小区，景观树等，如在园林中孤植于草坪或旷地，
　　　　　列植于街道两旁，常被用于城市及工矿区绿化。

朴树果

朴树叶

朴树夏景

17 桑 树

别　　名：白桑、伏桑、黄桑、家桑
科　　名：桑科
属　　名：桑属
拉 丁 名：*Morus alba* L.
识别要点：叶卵形，有时叶为各种分裂，表面鲜绿色，无毛，背面沿脉有疏毛，具柔毛；托
　　　　　叶披针形，早落，外面密披细硬毛。聚花果卵状椭圆形，成熟时红色或暗紫色，
　　　　　花期 4 ~ 5 月，果期 5 ~ 8 月。
用　　途：桑树树冠宽阔，树叶茂密，秋季叶色变黄，颇为美观，且能抗烟尘及有毒气体，
　　　　　适应性强，是良好的绿化及经济树种，适于城市、工矿区及农村四旁绿化。

桑树叶

桑树秋色

桑树果

桑树丛林

18 构 树

别　　名：褚桃、褚、谷桑、谷树
科　　名：桑科
属　　名：构属
拉 丁 名：*Broussonetia papyrifera* (Linn.) L'H é r. ex Vent.
识别要点：落叶乔木，树高 6 ~ 16 m，有乳汁；树皮平滑呈暗灰色，枝条粗壮而平展。叶互生，有长柄，叶片阔卵形或不规则 3 ~ 5 深裂，边缘有粗锯齿，表面暗绿，被粗毛，背面灰绿，密生柔毛。单性花，雌雄异株，雄花为荑花序，着生于新枝叶腋；雌花为头状花序。聚花果肉质，球形，有长柄，成熟时红色。花期 4 ~ 5 月，果期 6 ~ 7 月。
用　　途：观果型，荒滩、偏僻地带及污染严重的工矿区绿化树种。

构树果

构树幼株

构树叶

构树雄花序

19　无花果

别　　名：阿驵、阿驿、映日果、优昙钵、蜜果、文仙果、奶浆果、品仙果
科　　名：桑科
属　　名：榕属
拉 丁 名：*Ficus carica* L.
识别要点：落叶灌木，高 3 ~ 10 m，多分枝；树皮灰褐色，皮孔明显；小枝直立，粗壮。叶互生，厚纸质，表面粗糙，雌雄异株，无花果单生叶腋，大而梨形，成熟时紫红色或黄色，花果期 5 ~ 7 月。
用　　途：无花果树枝繁叶茂，树态优雅，具有较好的观赏价值，是良好的园林及庭院绿化观赏树种。

无花果树

无花果果实

20 虎 杖

别　　　名：假川七、川七、本蓼
科　　　名：蓼科
属　　　名：虎杖属
拉 丁 名：*Reynoutria japonica* Houtt.
识别要点：茎有节而且中空，嫩叶都有红色的斑纹；雄雌异株；根状茎粗壮，横走。茎直立
　　　　　粗壮，空心，具明显的纵棱，具小突起，无毛，散生红色或紫红色斑点。叶宽卵
　　　　　形或卵状椭圆形，近革质，顶端渐尖，基部宽楔形、截形或近圆形，边缘全缘，
　　　　　疏生小突起，两面无毛，沿叶脉具小突起；叶柄有小突起。花期 8~9 月，果期 9~
　　　　　10 月。
用　　　途：全株入药；丛植作为观赏景点。

虎杖幼株

虎杖叶

21 羊　蹄

别　　名：土大黄、牛舌头、野菠菜、假酸模
科　　名：蓼科
属　　名：酸模属
拉 丁 名：*Rumex japonicus* Houtt.
识别要点：一年生草本，高 40 ~ 100 cm。羊蹄的茎直立，粗壮，分枝，有明显沟纹，无毛，
　　　　　中空。基生叶长圆形或披针状长圆形，顶端急尖，基部圆形或心形，边缘微波状，
　　　　　下面沿叶脉有小突起；茎上部的叶狭长圆形，托叶鞘膜质，易破裂，全部具小瘤，
　　　　　小瘤长卵形。花期 5 ~ 6 月，果期 6 ~ 7 月。
用　　途：可入药。

羊蹄植株

22　商　陆

别　　　名：当陆、山萝卜、垂序商陆、大萝卜、大苋菜、地萝卜、肥猪菜
科　　　名：商陆科
属　　　名：商陆属
拉 丁 名：*Phytolacca acinosa* Roxb.
识别要点：叶片薄纸质，椭圆形、长椭圆形或披针状椭圆形。总状花序顶生或与叶对生，密
　　　　　生多花；花两性，花被片 5，白色、黄绿色，椭圆形、卵形或长圆形。浆果扁球
　　　　　形，成熟时黑色；种子肾形，黑色。花期 5～8 月，果期 6～10 月。
用　　　途：观果型植物，护壁植物。商陆具有很好的保水、保土作用，适宜种植在少水的梯
　　　　　壁上。

商陆果

商陆熟果

商陆花

商陆植株

23 三角梅

别　　名：毛宝巾、九重葛、三角花、贺春红、光叶子花
科　　名：紫茉莉科
属　　名：叶子花属
拉 丁 名：*Bougainvillea spectabilis* Willd.
识别要点：叶片纸质，卵形或卵状披针形，上面无毛，下面微柔毛。花梗与苞片中脉贴生，
　　　　　每个苞片上生一朵花；苞片叶状，紫色或洋红色，长圆形或椭圆形，纸质；花管
　　　　　淡绿色，花期冬春间。
用　　途：三角梅观赏价值很高，宜庭园种植或盆栽观赏；可用作盆景、绿篱及修剪造型；
　　　　　可用作围墙的攀援花卉栽培；还可用作切花、立体花卉。

三角梅花

三角梅开花植株

24 紫茉莉

别　　名：胭脂花、粉豆花、夜饭花
科　　名：紫茉莉科
属　　名：紫茉莉属
拉　丁　名：*Mirabilis jalapa* L.
识别要点：紫茉莉的茎直立，圆柱形，多分枝，无毛或疏生细柔毛，节稍膨大。叶片卵形或卵状三角形，全缘，两面均无毛，脉隆起。花常数朵簇生枝端，总苞钟形，长花被紫红色、黄色、白色或杂色，花午后开放，有香气，次日午前凋萎。瘦果球形，革质，黑色，表面具皱纹；种子胚乳白粉质。花期 6～10 月，果期 8～11 月。
用　　途：观花型植物。

紫茉莉花

紫茉莉叶

紫茉莉果

紫茉莉丛

25 空心莲子草

别　　名：革命菜、水花生、喜旱莲子草
科　　名：苋科
属　　名：莲子草属
拉　丁　名：*Alternanthera philoxeroides* (Mart.)Griseb.
识别要点：茎节上形成须根，无根毛，外皮层无明显分化；基部匍匐蔓生于水中，端部直立于水面；节腋处疏生细柔毛；茎圆桶形，多分枝，光滑中空。叶对生，有短柄，叶片长椭圆形至倒卵状披针形，先端圆钝，有尖头，基部渐狭，叶面光滑，无绒毛，叶片边缘无缺刻；叶柄无毛或微有柔毛；一般斑块状或浓密的成片草垫状。
用　　途：有药用价值，可以清热、凉血、解毒；因其生命极强，可用于沙漠中防风、固沙。

空心莲子草花

空心莲子草丛

26　乐昌含笑

别　　名：南方白兰花、广东含笑、景烈白兰
科　　名：木兰科
属　　名：含笑属
拉　丁　名：*Michelia chapensis* Dandy
识别要点：常绿乔木，树皮灰色至深褐色；小枝无毛或嫩时节上被灰色微柔毛。叶薄革质，
　　　　　倒卵形、狭倒卵形或长圆状倒卵形，先端骤狭短渐尖或短渐尖，尖头钝，基部楔
　　　　　形或阔楔形，上面深绿色，有光泽，网脉稀疏；叶柄有明显托叶痕，上面具张开
　　　　　的沟，嫩时被微柔毛，后脱落无毛。花梗平伏灰色微柔毛；花被片淡黄色，芳香，
　　　　　外轮倒卵状椭圆形，内轮较狭。花期3～4月；果期8～9月。
用　　途：可孤植或丛植于园林中作为观赏植株；也可用作行道树。

乐昌含笑叶

乐昌含笑树

27　深山含笑

别　　名：光叶白兰花、莫夫人含笑
科　　名：木兰科
属　　名：含笑属
拉 丁 名：*Michelia maudiae* Dunn
识别要点：叶互生，革质深绿色，叶背淡绿色，长圆状椭圆形，上面深绿色，有光泽，下面
　　　　　灰绿色。花芳香，花被片 9 片，纯白色，基部稍呈淡红色，心皮绿色，狭卵圆形，
　　　　　种子红色，斜卵圆形，稍扁。花期 2 ~ 3 月，果期 9 ~ 10 月。
用　　途：叶鲜绿，花纯白艳丽，可作为庭园观赏树种和四旁绿化树种。

深山含笑果

深山含笑花

深山含笑丛林

28 含 笑

别　　名：含笑花
科　　名：木兰科
属　　名：含笑属
拉 丁 名：*Michelia figo* (Lour.) Spreng.
识别要点：常绿灌木或小乔木；分枝多而紧密，树皮和叶上均密被褐色绒毛。单叶互生，叶
　　　　　椭圆形，绿色，光亮，厚革质，全缘。花单生叶腋，花形小，呈圆形花瓣6枚，
　　　　　肉质淡黄色，边缘常带紫晕。果卵圆形；聚合果长2~3.5cm；蓇葖卵圆形或球形，
　　　　　顶端有短尖的喙。花期3~5月，果期7~8月。
用　　途：观花型，中型盆栽，香味浓烈，不宜陈设于小空间；适于成丛种植；可配植于草
　　　　　坪边缘或稀疏丛林之下。

含笑花

含笑果

29 木 莲

别　　名：黄心树、木莲果、海南木莲
科　　名：木兰科
属　　名：木莲属
拉 丁 名：*Manglietia fordiana* Oliv.
识别要点：乔木；叶革质，呈狭倒卵形、狭椭圆状倒卵形或倒披针形。花被片纯白色，凹入，
　　　　　长圆状椭圆形。聚合果褐色，卵球形。花期5月，果期10月。
用　　途：观花型植物，可于草坪、庭园或名胜古迹处孤植、群植。

木莲植株

木莲叶

30　红花木莲

别　　名：红色木莲、细花木莲、厚朴、马关木莲
科　　名：木兰科
属　　名：木莲属
拉 丁 名：*Manglietia insignis* (*Wall.*) Bl.
识别要点：常绿乔木；枝叶幼嫩时节上有锈色，叶为倒披针形，叶端尾状渐尖。花芳香，梗粗壮。果为卵状长圆形。花期 5 ~ 6 月，果期 8 ~ 9 月。
用　　途：常作为风景树或庭院树种；可孤植或列植于居住区、公园、校园草地；可用于制作家具。

红花木莲果

红花木莲花

红花木莲叶

31　巴东木莲

别　　名：

科　　名：木兰科

属　　名：木莲属

拉 丁 名：*Manglietia patungensis* Hu.

识别要点：乔木；树皮淡灰褐色带红色；叶薄革质，倒卵状椭圆形，基部楔形，叶先端尾尖，叶面光滑。花白色，芳香。花期 5~6 月，果期 7~10 月。

用　　途：观花型植物，可用于景观配植，也可孤植独赏。

巴东木莲叶

巴东木莲植株

32 白玉兰

别　　名：玉堂春、望春花
科　　名：木兰科
属　　名：木兰属
拉 丁 名：*Magnolia denudate* Desr.
识别要点：落叶乔木；幼枝及芽具柔毛。叶倒卵状椭圆形，先端突尖，基部圆形或广楔形，幼时背面有毛；托叶与叶柄贴生。花大，单枝顶生，纯白色，厚而肉质，芳香。聚合蓇葖果发育不整齐，先花后叶。花期 3 月，果期 9～10 月。
用　　途：孤植、丛植，用作园景树；片植成林，作为专类园。

白玉兰花

白玉兰果

白玉兰幼果

白玉兰丛林

33 广玉兰

别　　名：荷花玉兰
科　　名：木兰科
属　　名：木兰属
拉　丁　名：*Magnolia grandifiora* L.
识别要点：常绿乔木，高达 30 m；树冠宽锥形，树皮灰色，平滑；小枝灰褐色，无毛，叶痕轮状，皮孔明显。叶厚革质长椭圆形或倒圆形，表面亮绿色，背面有绣色绒毛。花大而白色单生枝顶；花被片 9～12 cm，芳香。聚合蓇葖果有绣色毛，成熟开裂，悬出有红色假种皮的种子。花期 6～7 月，果期 10 月。
用　　途：观花型、观叶型植物。可用作行道树、园景树、庭荫树。

广玉兰花

广玉兰叶

广玉兰果

广玉兰花芽

34　蜡　梅

别　　　名：蜡梅花、蜡木、麻木紫、石凉茶
科　　　名：蜡梅科
属　　　名：蜡梅属
拉　丁　名：*Chimonanthus praecox* (L.) Link
识别要点：落叶灌木；幼枝四方形，老枝近圆柱形，灰褐色，无毛或被疏微毛，有皮孔；鳞芽通常着生于第二年生的枝条叶腋内，芽鳞片近圆形，覆瓦状排列，外面被短柔毛。花期 11 月至翌年 3 月，果期 4 ~ 11 月。
用　　　途：适于庭院栽植，又适于用作古桩盆景以及插花与造型艺术；根、叶可药用，理气止痛、散寒解毒；花蕾油治烫伤。

蜡梅果

蜡梅果

蜡梅植株

蜡梅花

35 香 樟

别　　名： 芳樟、油樟、樟木、瑶人柴

科　　名： 樟科

属　　名： 樟属

拉 丁 名： *Cinnamomum camphora* (L.) Presl.

识别要点： 常绿乔木；枝、叶及木材均有樟脑气味；树皮黄褐色，有不规则的纵裂。叶互生，卵状椭圆形，先端急尖，基部宽楔形至近圆形，边缘全缘，软骨质，具离基三出脉。圆锥花序腋生，花绿白或带黄色。花期 4~5 月，果期 8~11 月。

用　　途： 是优良的绿化树、行道树及庭荫树；材质上乘，是制造家具的好材料。

香樟花

香樟果

香樟丛林

香樟行道树

36 牡 丹

别　　名：鼠姑、鹿韭、白茸、百雨金、富贵花
科　　名：毛茛科
属　　名：芍药属
拉 丁 名：*Paeonia suffruticosa* Andr.
识别要点：落叶灌木；叶通常为二回三出复叶，表面绿色，无毛，背面淡绿色；叶形为倒卵形。
　　　　　花瓣5瓣或为重瓣，玫瑰色、红紫色、粉红色至白色。花期4~5月，果期6月。
用　　途：花大鲜艳，观花型植物，可用作景观植物配植；也可药用。

牡丹植株

牡丹花

牡丹花

37　南天竹

別　　名：南天竺、红杷子、钻石黄、天竹、兰竹
科　　名：小檗科
属　　名：南天竹属
拉　丁　名：*Nandina domestica* Thunb.
识别要点：常绿灌木，叶对生，2~3回羽状复叶；小叶革质，椭圆披针形，冬季常变红色，
　　　　　两面光滑无毛。浆果球形，鲜红色，偶有黄色。花期3~6月，果期5~11月。
用　　途：观叶和观果型植物，秋冬叶色变红，有红果；也可药用。

南天竹果

南天竹果

南天竹丛

38　十大功劳

別　　　名：刺黄柏、刺黄莲、刺黄芩、黄天竹、老鼠刺
科　　　名：小檗科
属　　　名：十大功劳属
拉 丁　名：*Mahoniafortunei* (Lindl.) Fedde
识别要点：灌木叶形倒卵形至倒卵状披针形，边缘每边具 5~10 刺齿，花黄色；外萼片卵形或三角状卵形，花瓣长圆形。浆果球形，紫黑色，被白粉。花期 7~9 月，果期 9~11 月。
用　　　途：丛植于假山一侧或定植在假山；工矿区的优良美化植物；在园林中可作为绿篱，植于果园、菜园的四角，作为境界林；还可盆栽，放在门厅入口、会议室、招待所、会议厅等处。

十大功劳叶

十大功劳果

十大功劳丛林

39 紫叶小檗

别　　名：红叶小檗
科　　名：小檗科
属　　名：小檗属
拉 丁 名：*Berberis thunbergii* var.*atropurpurea* Chenault
识别要点：落叶灌木；枝丛生，幼枝紫红色或暗红色，老枝灰棕色或紫褐色。叶小且全缘，
　　　　　菱形或倒卵形，紫红色到鲜红色，叶背色稍淡。花黄色。果实椭圆形，果熟后艳
　　　　　红美丽。花期 4 月。
用　　途：园林中常与常绿树种用作块面色彩布置，可用来布置花坛、花镜，是园林绿化中
　　　　　色块组合的重要树种。

紫叶小檗叶

紫叶小檗花

紫叶小檗丛

40 睡 莲

别　　名：子午莲、茈碧花、莲蓬花、瑞莲
科　　名：睡莲科
属　　名：睡莲属
拉 丁 名：*Nymphaea tetragona* Georgi.
识别要点：多年水生草本；叶纸质，心状卵形或卵状椭圆形，全缘，上面光亮，下面带红色
　　　　　或紫色。花梗细长；花萼基部四棱形，萼片革质；花瓣白色，宽披针形、长圆形
　　　　　或倒卵形。浆果球形；种子椭圆形，黑色。花期 6～8 月，果期 8～10 月。
用　　途：观花型植物，可作专类园、睡莲盆栽；也可与水石盆景结合供观赏。

睡莲丛

睡莲花

睡莲花

睡莲花

睡莲花

41 山　茶

别　　名：白秧茶、包珠花、曼陀罗树、一捻红
科　　名：山茶科
属　　名：山茶属
拉 丁 名：*Camellia japonica* L.
识别要点：灌木或小乔木；嫩枝无毛。叶革质，椭圆形，上面深绿色，干后发亮，无毛，下面浅绿色，无毛。花顶生，红色，无柄。花期 1~4 月。
用　　途：植物造景材料，可用于城市绿地、公园、住宅小区、城市广场、花坛、庭院和绿带绿化。

山茶顶芽

山茶花

山茶植株

42 茶 梅

别　　名：
科　　名：山茶科
属　　名：山茶属
拉 丁 名：*Camellia sasanqua* Thunb.
识别要点：小乔木或灌木；分枝稀疏，嫩枝有粗毛。叶长卵形，叶缘细锯齿，叶片革质，叶表有光泽。花略有芳香，无柄。蒴果，略有毛。花期11月至翌年1月。
用　　途：盆栽；基础种植；常用作绿篱、花篱。

茶梅嫩枝

茶梅植株

茶梅花

茶梅花

43　金丝桃

别　　名：土连翘、金丝海棠、五心花
科　　名：藤黄科
属　　名：金丝桃属
拉 丁 名：*Hypericum monogynum* L.
识别要点：小乔木或灌木；全株光滑，小枝红褐色，单叶对生，长椭圆形，先端钝，基部渐狭
　　　　　而稍抱径，叶表绿，叶背粉绿。集合成聚伞花序着生在枝顶，无柄。花期 6～7 月。
用　　途：丛植、列植、片植于庭院、路边、假山、公园等处；果实和根可入药。

金丝桃花

金丝桃叶

金丝桃叶

金丝桃丛

44 诸葛菜

别　　名：菜子花、二月兰、紫金草
科　　名：十字花科
属　　名：诸葛菜属
拉 丁 名：*Orychophragmus violaceus* (L.) O.E.Schulz
识别要点：一年生草本；叶形变化大，基生叶和下部茎生叶大头羽状分裂，顶裂片近圆形或
　　　　　卵形，基部心形，有钝齿；全缘，或有锯齿，偶在叶轴上杂有极小裂片。长角果，
　　　　　线形，具 4 棱，裂瓣有 1 条中脉；种子卵形至长圆形，黑棕色。花期 3 月，果期
　　　　　4 ~ 6 月。
用　　途：观花型，既可独立成片种植，也可与各种灌木混栽，形成春景特色。可在公园、
　　　　　林缘、城市街道、高速公路或铁路两侧的绿化带大量种植；也可用作花坛花卉。

诸葛菜花

诸葛菜丛

诸葛菜花

45　法国梧桐

别　　名：二球悬铃木
科　　名：悬铃木科
属　　名：悬铃木属
拉 丁 名：*Platanus acerifolia* Willd.
识别要点：乔木；树冠圆形或卵圆形；树皮灰绿色，呈大薄片状剥落，淡绿白色；嫩枝叶密
　　　　　被褐黄色星状毛。叶片三角状卵圆形，宽 12 ~ 25 cm，3 ~ 5 掌状裂，缘有不规则
　　　　　大尖齿，中裂片三角形，长宽近相等，叶基心形或截形，叶柄长 3 ~ 10cm。球果
　　　　　通常 2 球一串。花期 4 ~ 5 月，果期 9 ~ 10 月。
用　　途：用作行道树、庭荫树、园景树、背景树。

法国梧桐叶

法国梧桐果

法国梧桐丛林

法国梧桐树形

46 红花檵木

别　　名：红继木、红桎木
科　　名：金缕梅科
属　　名：檵木属
拉 丁 名：*Loropetalum chinense* var. *rubrum* Yieh.
识别要点：常绿灌木或小乔木；小枝、嫩叶及花萼均有绣色星状短柔毛。叶卵形，全缘，背
　　　　　面密生星状绒毛。花瓣带状线形，长 1～2 cm，数朵簇生小枝端。蒴果褐色。花
　　　　　期 3～5 月，果期 8 月。
用　　途：观花型植物，可用作树丛，花篱；也可孤植独赏。

红花檵木花芽

红花檵木花

红花檵木果

红花檵木丛林

47　绣球花

别　　名：八仙花、粉团花、草绣球

科　　名：虎耳草科

属　　名：绣球属

拉 丁 名：*Hydrangea macrophylla* (Thunb.) Ser.

识别要点：灌木，高 1~4 m；绣球花的茎常从基部发出多数放射枝而形成一圆形灌丛；枝圆
　　　　　柱形。叶纸质或近革质，倒卵形或椭圆形。伞房状聚伞花序近球形，具有短的总
　　　　　花梗，花大型，由许多不孕花组成顶生伞房花序；花色多变，初时白色，渐转蓝
　　　　　色或粉红色。花期 6~8 月。

用　　途：常见的有盆栽观赏花木；现代公园和风景区都以成片栽植，形成景观。

绣球白花

绣球粉花

绣球花丛林

绣球花植株

48 海 桐

別　　名：
科　　名：海桐花科
属　　名：海桐花属
拉 丁 名：*Pittosporum tobira* (Thunb.) Ait.
识别要点：常绿灌木或小乔木；树冠球形；干灰褐色，枝条近轮生，嫩枝绿色；单叶互生，有
　　　　　时在枝顶簇生，倒卵形或卵状椭圆形，先端圆钝，基部楔形，全缘，边缘反卷，厚
　　　　　革质，表面浓绿而有光泽。花白色或淡黄色，有芳香，成顶生伞形花序。蒴果卵球
　　　　　形，有棱角，成熟时 3 瓣裂，露出鲜红色种子。花期 3～5 月，果期 9～10 月。
用　　途：植篱型，孤植或丛植于草坪边缘或路旁，群植组成色块。

海桐叶

海桐花

海桐果

海桐植株

49 贴梗海棠

别　　名：皱皮木瓜、贴梗木瓜、铁脚梨、宣木瓜
科　　名：蔷薇科
属　　名：木瓜属
拉 丁 名：*Chaenomeles speciosa* (Sweet) Nakai
识别要点：落叶灌木，高达 2m；枝条直立开展，有刺；小枝圆柱形，微屈曲。叶片卵形至椭圆形，基部楔形至宽楔形，边缘具有尖锐锯齿，齿尖开展，无毛或在萌蘖上沿下面叶脉有短柔毛。花先叶开放或花叶同放，3～5 朵簇生于二年生老枝上；花梗短粗，萼筒钟状。花期 3～5 月，果期 9～10 月。
用　　途：贴梗海棠是一种独特的孤植观赏树，枝密多刺，可作为绿篱。

贴梗海棠花

贴梗海棠春色

50　樱　桃

别　　名：樱珠
科　　名：蔷薇科
属　　名：樱属
拉 丁 名：*Cerasus pseudocerasus* (Lindl.) G. Don
识别要点：乔木；叶卵形至卵状椭圆形，长 7 ~ 12 cm，先端锐尖，基部圆形，缘有大小不等
　　　　　重锯齿，齿间有腺，上面无毛或微有毛，背面疏生柔毛。花白色，径 1.5 ~ 2.5 cm，
　　　　　萼筒有毛；3 ~ 6 朵簇生成总状花序。果近球形，径 1 ~ 1.5 cm，红色。花期 3 月，
　　　　　先叶开放；果期 5 ~ 6 月。
用　　途：可用作绿化观赏树；果可食用。

樱桃植株

樱桃花

樱桃叶

成熟樱桃果

51 月 季

别　　名：月月红、四季花、胜春
科　　名：蔷薇科
属　　名：蔷薇属
拉 丁 名：*Rosa chinensis* Jacq.
识别要点：直立灌木；茎有短粗的钩状皮刺；小叶 3～5 片，稀 7 片，小叶片宽卵形至卵状长
　　　　　圆形，边缘有锐锯齿，两面近无毛，上面暗绿色，常带光泽，托叶大部贴生于叶
　　　　　柄，仅顶端分离部分成耳状，边缘常有腺毛。花几朵集生，少数单生，红色，萼
　　　　　片脱落。花期 4～9 月，果期 6～11 月。
用　　途：观花型植物，可用作花篱，盆栽；也可用于布置花境。

月季植株

月季花

52　紫叶桃

别　　名：红叶碧桃、紫叶碧桃、紫叶冬桃
科　　名：蔷薇科
属　　名：桃属
拉 丁 名：*Amygdalus persica* L. var *persica* f. *atropurpurea* Schneid.
识别要点：落叶小乔木，株高 3~5m；树皮灰褐色，小枝红褐色。单叶互生，卵圆状披针形，
　　　　　幼叶鲜红色。花重瓣，桃红色。核果球形，果皮有短茸毛。花期 3~4 月，果期 8~
　　　　　9 月。
用　　途：观花型植物，可用作庭院观赏树或道路两旁观赏树。

紫叶桃花

紫叶桃叶

紫叶桃果

紫叶桃树

53 红叶石楠

别　　名：红叶树
科　　名：蔷薇科
属　　名：石楠属
拉 丁 名：*Photiniax fraseri* Dress.
识别要点：常绿灌木；小枝紫褐色，有白粉；单叶互生，有细锯齿，新梢及新叶鲜红色（春季）。花序顶生，花细小，花瓣圆形。梨果红色。花期 4~5 月，果期 10 月。
用　　途：群植于公园、庭院、校园，修剪后作为绿篱；也可列植于道路两旁观赏。

红叶石楠嫩叶

红叶石楠丛林

红叶石楠叶

54　火　棘

别　　　名：救兵粮、火把果
科　　　名：蔷薇科
属　　　名：火棘属
拉 丁 名：*Pyracantha fortuneana* (Maxim.) L.
识别要点：常绿灌木；顶端刺状，侧枝较短。叶片倒卵形，叶顶端圆钝微凹，下延连着叶柄，边缘有钝锯齿。花瓣白色，集成复伞房花序；果实圆球形，红色。花期 3～5月，果期 8～11 月。
用　　　途：著名观果植物，常丛植、孤植于山石边、池塘畔、草地边缘；也可置于阳台、窗台作为绿化；果实可食用。

火棘花

火棘幼果

火棘叶

火棘熟果

55 李 子

别　　名：嘉庆子、玉皇李、嘉应子
科　　名：蔷薇科
属　　名：李属
拉 丁 名：*Prunus salicina* Lzndl.
识别要点：落叶乔木；树皮灰褐色，且起伏不平。叶片长圆倒卵形，叶尖或尾渐尖，基部楔
　　　　　形，边缘有圆钝重锯齿。花通常 3 朵并生，花瓣白色。果为卵球形，有黄、红、
　　　　　绿、紫色果实。花期 4 月，果期 7~8 月。
用　　途：可于公园、庭院、校园栽培观赏；可作为果树栽培，果实成熟可食用。

李子花

李子花

李子花苞

李树枝条

李子果

56　紫叶李

别　　　名：红叶李、樱桃李
科　　　名：蔷薇科
属　　　名：李属
拉　丁　名：*Prunus Cerasifera* Ehrhar f. *atropurpurea*(Jacq.)Rehd.
识别要点：叶片椭圆形、卵形或倒卵形，极稀椭圆状披针形，先端急尖，基部楔形或近圆
　　　　　形，边缘有圆钝锯齿，有时混有重锯齿。枝条细长，开展，暗灰色，有时有棘刺；
　　　　　小枝暗红色。花瓣白色或淡粉色，长圆形或匙形，边缘波状。核果近球形或椭圆
　　　　　形，黄色、红色或黑色，微被蜡粉。花期 3～4 月，果期 8 月。
用　　　途：紫叶李是著名的观叶树种，孤植、群植皆宜。

紫叶李花

紫叶李叶

紫叶李果

紫叶李丛林

57 梅

别　　名：春梅、干枝梅
科　　名：蔷薇科
属　　名：杏属
拉 丁 名：*Armeniaca mume* Sieb.
识别要点：小乔木；叶片呈卵形或椭圆形，叶边常具小锯齿，灰绿色。花香味浓，叶先开放，花萼通常红褐色，萼片呈卵形或近圆形；花瓣倒卵形，白色至粉红色。花期冬春季，果期5~6月。
用　　途：观花型植物，冬季重要的赏花植物。

梅花春色

梅叶

58 枇 杷

别　　名：芦橘、金丸、芦枝
科　　名：蔷薇科
属　　名：枇杷属
拉 丁 名：*Eriobotrya japonica* (Thunb.) Lindl
识别要点：叶片革质，披呈针形、倒披针形、倒卵形或椭圆长圆形。圆锥花序顶生，密生锈色绒毛，萼片三角卵形；花瓣白色，长圆形或卵形。果实球形或长圆形，黄色或橘黄色，外有锈色柔毛。花期 10～12 月，果期 5～6 月。
用　　途：可食用，药用；也可用作观果型植物。

枇杷嫩叶

枇杷幼果

枇杷熟果

枇杷植株

59 梨 树

别　　名：
科　　名：蔷薇科
属　　名：梨属
拉 丁 名：*Pyrus sorotina* L.
识别要点：落叶乔木；幼树期树皮光滑，树龄增大后树皮变粗，纵裂或剥落；嫩枝无毛或具有茸毛，后脱落；冬芽具有覆瓦状鳞片，花芽较肥圆稍有亮光，一般为混合芽；叶芽小而尖，褐色。单叶，互生，叶缘有锯齿，托叶早落；叶形多数为卵形或长卵圆形，叶柄长短不一。花为伞房花序，两性花，花瓣近圆形或宽椭圆形。果实有圆、扁圆、椭圆、瓢形等；果皮分黄色或褐色两大类。
用　　途：梨树可作为园林景观植物配植；可孤植、片植；果实可食用，营养价值较高，增加经济效益。

梨树花苞

梨花

梨

梨幼果

60 沙 梨

别　　名：阿力玛、宝珠梨、麻安梨
科　　名：蔷薇科
属　　名：梨属
拉 丁 名：*Pyrus pyrifolia* Nakai
识别要点：落叶乔木；小枝嫩时具黄褐色长柔毛或绒毛，叶片卵状椭圆形或卵形。伞形总状花序，总花梗和花梗幼时微具柔毛，苞片膜质，萼片三角卵形，花瓣卵形。果实近球形；种子卵形，微扁，深褐色。花期 4 月，果期 8 月。
用　　途：观果型植物，可孤植独赏；也可药用，食用。

沙梨花

沙梨枝干

沙梨果

沙梨树

61 蛇　莓

别　　　名：宝珠草、蚕莓、长蛇泡
科　　　名：蔷薇科
属　　　名：蛇莓属
拉 丁 名：*Duchesnea indica* (Andr.)Focke
识别要点：多年生草本；小叶倒卵形至长圆形，边缘有钝锯齿，两面皆有柔毛。花瓣倒卵形，
　　　　　黄色，先端圆钝；花托在果期膨大，海绵质，鲜红色，有光泽。花期 6~8 月，果
　　　　　期 8~10 月。
用　　　途：春季赏花、夏季观果；较耐践踏，是不可多得的优良地被植物。

蛇莓花

蛇莓花

蛇莓果

62　山樱桃

别　　名：山樱桃、梅桃、山豆子
科　　名：蔷薇科
属　　名：樱属
拉 丁 名：*Cerasus tomentosa* (Thunb.). Wall.
识别要点：落叶灌木，叶片呈卵状椭圆形或倒卵状椭圆形，上面暗绿色或深绿
　　　　　色，下面灰绿色。花单生或 2 朵簇生，花叶同开，近先叶开放或先叶开放；花瓣白色或粉红色，
　　　　　倒卵形。核果近球形，红色。花期 4～5 月，果期 6～9 月。
用　　途：春季观花、夏季观果型植物，可用于人行道绿化，适宜成片种植。

山樱桃花

山樱桃花

山樱桃叶

山樱桃花

63 日本晚樱

别　　名：重瓣樱花
科　　名：蔷薇科
属　　名：樱属
拉 丁 名：*Cerasus serrulate* (Lindl.) G. Donex Loudon var. *iannesiana* (Carr.) Makimo
识别要点：叶片卵状椭圆形或倒卵椭圆形。伞房花序总状或近伞形，有花 2~3 朵；总苞片褐
　　　　　红色，倒卵长圆形，外面无毛，内面被长柔毛；花瓣粉色，倒卵形。花期 4~5
　　　　　月，果期 6~7 月。
用　　途：樱花以群植为佳，庭园点景，山樱适合集团式配植；也可植于庭园建筑物旁或孤植。

日本晚樱花

日本晚樱花

日本晚樱春色

日本晚樱夏景

64 碧 桃

别　　名：千叶桃花
科　　名：蔷薇科
属　　名：桃属
拉 丁 名：*Amygdalus persica* L. var. *persica* f. *duplex* Rehd.
识别要点：落叶小乔木；树皮暗红色，小枝红褐色或褐绿色，无毛；冬芽常3枚并生，密被
　　　　　灰色绒毛。叶椭圆状披针形，叶缘细锯齿。花单生，先叶开放，重瓣。核果球形，
　　　　　果皮有短绒毛。花期3~5月，果期6~7月。
用　　途：观花型植物，园景树，景观配植，专类园。

碧桃红花

碧桃白花

碧桃果

碧桃丛林

65 紫花苜蓿

别　　名：牧蓿、苜蓿、路蒸
科　　名：蝶形花科
属　　名：苜蓿属
拉 丁 名：*Medicago sativa* L.
识别要点：多年生草本，羽状三出复叶，托叶大，小叶长卵形、倒长卵形至线状卵形。花冠
　　　　　各色：淡黄、深蓝至暗紫色；花瓣均具长瓣柄。种子卵形，平滑，黄色或棕色。
　　　　　花期5~7月，果期6~8月。
用　　途：观花型植物，可用作地被植物；也可药用。

苜蓿花

苜蓿叶

苜蓿丛林

66 红花三叶草

别　　名：红车轴草
科　　名：豆科
属　　名：车轴草属
拉 丁 名：*Trifolium pratense* L.
识别要点：茎直立，多分枝，掌状三出复叶，小叶长卵形，基部白色。头状花序腋生，花冠
　　　　　浅粉色。荚果倒卵形。花期 5～6 月，果期 7～8 月。
用　　途：群植，可作为公园、草地绿化植物；也可入药。

红花三叶草花

红花三叶草花

红花三叶草花

红花三叶草叶

67 白花三叶草

别　　名：白车轴草
科　　名：豆科
属　　名：车轴草属
拉 丁 名：*Trifolium repens* L.
识别要点：草本；茎匍匐，长 30 ~ 40cm。掌状复叶，具三小叶，小叶倒卵形或心形；叶边缘有细锯齿，背面微有毛。头状花序，有总花梗高出于叶；萼筒状，花冠白色，旗瓣椭圆形。荚果倒卵状椭圆形。花期 3 ~ 5 月，果期 8 ~ 9 月。
用　　途：常用作地被植物。

白花三叶草花

白花三叶草丛

68　黄花槐

别　　名：山扁豆、金凤树、黄槐决明
科　　名：豆科
属　　名：槐属
拉 丁 名：*Sophora xanthantha* C. Y. Ma
识别要点：灌木或小乔木；分枝极多，小枝有肋条。小叶长椭圆形，叶被有长绒毛，无锯齿。
　　　　　花序生于枝条上部的叶腋内。荚果扁平，丝带状，开裂。花期几乎全年，主要集
　　　　　中在 3～12 月；果期 10 月。
用　　途：常用于公园、绿地、路边、池畔或庭前绿化；也可群植作为绿篱。

黄花槐花

黄花槐花

黄花槐丛林

69　锦鸡儿

别　　名：娘娘袜、黄雀花、黄棘

科　　名：豆科

属　　名：锦鸡儿属

拉 丁 名：*Caragana sinica* (Buchoz) Rehd.

识别要点：灌木；树皮深褐色。小叶 2 对，羽状，时有假掌状。花单生花萼钟状。花期 4～5
月，果期 7 月。

用　　途：用于布置林缘、路边或建筑物旁；也用作花坛、绿篱，常与其他灌木配植；根皮
和花可入药。

锦鸡儿枝条

锦鸡儿丛林

锦鸡儿叶

锦鸡儿植株

70 龙爪槐

别　　名：盘槐、垂槐
科　　名：豆科
属　　名：槐属
拉　丁　名：*Sophora japonica* Linn. var. *japonica* f. *pendula* Hort.
识别要点：落叶乔木；树皮灰褐色，具纵裂纹。羽状复叶；叶轴初被疏柔毛，旋即脱净；叶柄基部膨大，包裹着芽；托叶形状多变，有时呈卵形，叶状，有时线形或钻状，早落；小叶对生或近互生，纸质，卵状披针形或卵状长圆形，先端渐尖，具小尖头，基部宽楔形或近圆形，稍偏斜，下面灰白色，初被疏短柔毛，旋变无毛。花期7～8月，果期8～10月。
用　　途：行道树和优良的蜜源植物；花和荚果入药，有清凉收敛、止血降压作用；木材可供建筑用。

龙爪槐花

龙爪槐花

龙爪槐叶

龙爪槐夏景

71 紫 藤

别　　名：朱藤、招藤、招豆藤
科　　名：豆科
属　　名：紫藤属
拉 丁 名：*Wisteria sinensis*(Sims)Sweet.
识别要点：落叶藤本，茎右旋，茎较粗壮，嫩枝被白色柔毛。奇数羽状复叶，纸质，卵状椭
　　　　　圆形至卵状披针形。总状花序发自种植一年短枝的腋芽或顶芽，芳香；花梗细，
　　　　　花萼杯状。荚果倒披针形；种子褐色，具光泽，圆形，扁平。花期4月中旬至5
　　　　　月上旬，果期5~8月。
用　　途：一般应用于园林棚架；适栽于湖畔、池边、假山、石坊等处；独具风格，盆景也
　　　　　常用。

紫藤叶

紫藤花

紫藤果

紫藤丛林

72　紫　荆

别　　　名：裸枝树、紫珠
科　　　名：豆科
属　　　名：紫荆属
拉　丁　名：*Cercis chinensis* Bunge
识别要点：树皮和小枝灰白色。叶纸质，近圆形或三角状圆形。花紫红色或粉红色，2～10
　　　　　朵成束，簇生于老枝和主干上，尤以主干上花束较多，通常先于叶开放。荚果扁
　　　　　狭长形，绿色，先端急尖或渐尖，两侧缝线对称或近对称；黑褐色，光亮。花期
　　　　　3～4月，果期8～10月。
用　　　途：观花型植物，园景树、庭院树。

紫荆花

紫荆花

紫荆春色

紫荆叶和果

73 皂 荚

别　　名：皂角、猪牙皂、牙皂
科　　名：豆科
属　　名：皂荚属
拉 丁 名：*Gleditsia sinensis* Lam.
识别要点：落叶乔木，枝灰色至深褐色；刺粗壮，圆柱形，常分枝，多呈圆锥状。叶为1回
　　　　　羽状复叶，长10～18（26）cm；小叶（2）3～9对，纸质。花杂性，黄白色，组
　　　　　成总状花序；花序腋生或顶生。荚果带状，劲直或扭曲，果肉稍厚，两面臌起，
　　　　　有的荚果短小，多呈柱形，弯曲作新月形。花期3～5月，果期5～12月。
用　　途：皂荚果是医药食品、保健品、化妆品及洗涤用品的天然原料；皂荚刺（皂针）内
　　　　　含黄酮苷、酚类、氨基酸，有很高的经济价值。

皂荚春色

皂荚果实

74 刺 槐

别　　名：洋槐
科　　名：豆科
属　　名：刺槐属
拉 丁 名：*Robinia pseudoacacia* L.var. *pseudoacacia*
识别要点：落叶乔木，高 10 ~ 25 m；树皮灰褐色至黑褐色；小枝灰褐色，幼时有棱脊，微被毛，后无毛；具托叶刺，长达 2 cm；冬芽小，被毛。羽状复叶，先端圆，微凹，具小尖头，基部圆至阔楔形，全缘，上面绿色，下面灰绿色，幼时被短柔毛，后变无毛；小叶柄长 1 ~ 3 mm；小托叶针芒状。总状花序腋生，长 10 ~ 20 cm，下垂，花多数，芳香；花梗长 7 ~ 8 mm；花冠白色，各瓣均具瓣柄，旗瓣近圆形，长 16 mm，宽约 19 mm，先端凹缺，基部圆，反折，内有黄斑，翼瓣斜倒卵形，与旗瓣几乎等长，长约 16mm，基部一侧具圆耳，龙骨瓣镰状，三角形，与翼瓣等长或稍短，前缘合生，先端钝尖。荚果褐色，上弯，具尖头，果颈短，沿腹缝线具狭翅；有种子 2 ~ 15 粒，种子褐色至黑褐色，微具光泽，有时具斑纹，近肾形。花期 4 ~ 6 月，果期 8 ~ 9 月。
用　　途：观花型植物，庭荫树、园景树。

刺槐花

刺槐果

刺槐植株

75　银　荆

别　　名： 鱼骨松、鱼骨槐

科　　名： 豆科

属　　名： 金合欢属

拉 丁 名： *Acacia dealbata* Link

识别要点： 无刺灌木或乔木；二回羽状复叶，银灰或淡绿色，小叶密生。头状花序复排成腋生的总状花序或顶生的圆锥花序，花淡黄色或橙黄色。荚果长圆形，长 3~8cm，无毛，通常被白霜，红棕或黑色。花期 4 月，果期 7~8 月。

用　　途： 观花型植物，园景树，孤植独赏，林带，树群。

银荆花

银荆花

银荆花

76 乌 桕

别　　名：腊子树、木子树、乌柏、蜡烛树
科　　名：大戟科
属　　名：乌桕属
拉 丁 名：*Sapium sebiferum* (L.) Roxb.
识别要点：乔木，高可达 15 m，各部均无毛而具乳状汁液；树皮暗灰色，有纵裂纹；分枝较多，具皮孔。叶互生，纸质，叶片菱状卵形，基部阔楔形或钝，全缘；中脉两面微凸起。蒴果梨状球形，成熟时黑色，雌雄同株，花期 4～8 月。
用　　途：孤植、丛植于草坪、湖畔、池边；在园林绿化中可栽作护堤树、庭荫树及行道树；在城市园林中也可栽植于广场、公园、庭院中或成片栽植于景区、森林公园中，能产生良好的造景效果。

乌桕叶

乌桕果

乌桕植株

乌桕花絮

77 花 椒

别　　名：檓、大椒、蜀椒
科　　名：芸香科
属　　名：花椒属
拉 丁 名：*Zanthoxylum bungeanum* Maxim.
识别要点：落叶灌木或小乔木；具香气，茎干通常有增大的皮刺。单数羽状复叶，互生，叶
　　　　　柄两侧常有一对扁平基部特宽的皮刺；小叶 5 ~ 11 片，对生，近于无柄，纸质，
　　　　　卵形或卵状矩圆形，边缘有细钝锯齿，齿缝处有粗大透明的腺点，下面中脉基部
　　　　　两侧常被一簇锈褐色长柔毛。聚伞状圆锥花序顶生；
用　　途：花椒具有调理人饮食的药理作用，可用于烹饪食物，增加香味；亦可入药。

花椒叶

花椒叶

花椒果实

花椒植株

78 橙 子

别　　名：甜橙、香橙
科　　名：芸香科
属　　名：柑橘属
拉 丁 名：*Citrusjunos sieb*.ex Tanaka.
识别要点：小乔木；枝通常有粗长刺，新梢及嫩叶柄常被疏短毛。叶厚纸质，翼叶倒卵状椭
　　　　　圆形，顶部圆或钝，向基部渐狭楔尖，叶片卵形或披针形，顶部渐狭尖或短尖，
　　　　　常钝头且有凹口，基部圆或钝，叶缘上平段有细裂齿，稀近于全缘。花单生于叶
　　　　　腋，有下垂性，花梗短；花瓣白色，有时背面淡紫红色。果扁圆或近似梨形，大
　　　　　小不一，果皮粗糙，凹点均匀，油胞大，皮厚 2～4 mm，淡黄色，较易剥离，瓤
　　　　　囊 9～11 瓣，囊壁厚而韧，果肉淡黄白色，味甚酸，常有苦味或异味。花期 4～5
　　　　　月，果期 10～11 月。
用　　途：观果型植物，园景树，专类园。

橙子叶

79　苦　楝

别　　　名：楝、紫花树、森树
科　　　名：楝科
属　　　名：楝属
拉　丁　名：*Melia azedarach* L.
识别要点：落叶乔木；树皮暗褐色，纵裂，老枝紫色，有多数细小皮孔。叶为二至三回奇数
　　　　　羽状复叶互生；小叶卵形至椭圆形，先端长尖，基部宽楔形或圆形，边缘有钝尖
　　　　　锯齿，幼时有星状毛，稍后除叶脉上有白毛外，余均无毛。圆锥花序腋生或顶生。
　　　　　花期 4 ~ 5 月；果期 10 ~ 12 月。
用　　　途：可作为公园、绿地、风景区等的风景树种；可用作平原及丘陵地带的造林树种或
　　　　　四周绿化树种，能抗风；也可作家具等的原材料。

苦楝花

苦楝花絮

苦楝熟果

苦楝幼果

苦楝植株

80　香　椿

别　　　名：香椿铃、香椿子、香椿芽

科　　　名：楝科

属　　　名：香椿属

拉 丁 名：*Toona sinensis* (A. Juss.) Roem.

识别要点：落叶乔木；树皮粗糙，深褐色，片状脱落。叶呈偶数羽状复叶。圆锥花序，两
性花白色。雌雄异株。果实为椭圆形蒴果，翅状种子。花期 6 ~ 8 月，果期 10 ~
12 月。

用　　　途：除椿芽供食用外，也是园林绿化的优选树种，同时还是制作家具、室内装饰品及
造船的优良木材。

香椿丛林

香椿叶

81 马 桑

别　　名：马鞍子、千年红、紫桑
科　　名：马桑科
属　　名：马桑属
拉 丁 名：*Coriaria nepalensis* Wall.
识别要点：灌木；叶对生，纸质至薄革质，椭圆形。总状花序生于二年生的枝条上，花瓣肉质，龙骨状；雄花序先叶开放，多花密集；萼片卵形，边缘半透明，上部具流苏状细齿；花丝开花时伸长；存在不育雌蕊。浆果状瘦果，成熟时由红色变紫黑色。花期 3~4 月，果期 5~6 月。
用　　途：果可提酒精，种子含油，茎叶含拷胶，全株有毒。

马桑花序

马桑叶

马桑植株

82 南酸枣

别　　名：五眼果、货郎果、棉麻树
科　　名：漆树科
属　　名：南酸枣属
拉 丁 名：*Choerospondias axillaris* (Roxb.) Burtt et Hill.
识别要点：落叶乔木；奇数羽状复叶互生，小叶对生，叶形呈窄长卵形或长圆状披针形。花瓣 5 长圆形，外卷。核果黄色，椭圆状球形。花期 4 月，果期 8～10 月。
用　　途：孤植独赏，观果型植物；也可食用、药用。

南酸枣叶

南酸枣树干

南酸枣植株

83 红 枫

别　　名：紫红鸡爪槭
科　　名：槭树科
属　　名：槭属
拉 丁 名：*Acer palmatum* Thunb.cv *atropurpureum.* (Van Houtte) Schwerim
识别要点：落叶小乔木；树冠伞形或圆球形；小枝纤细，光滑，紫色或灰紫色；叶终年红色
　　　　　或紫色。叶掌状 5 ~ 9 深裂，通常 7 深裂，裂片卵状长椭圆形至披针形，先端锐尖，
　　　　　缘具细重齿。花杂性，伞房花序顶生，花紫红色。果球形，两果翅张开成直角至
　　　　　钝角，幼时紫红色，成熟时黄棕色，花期 5 月，果期 9 ~ 10 月。
用　　途：观叶型植物，园景树，孤植，丛植，景观配植。

红枫叶

红枫果

红枫枝条

红枫秋色

84 中华槭

别　　名：枫

科　　名：槭树科

属　　名：槭属

拉 丁 名：*Acer sinense* Pax

识别要点：落叶乔木；叶近于革质，常 5 裂，裂片边缘有紧贴的圆齿状细锯齿，下面略有白粉。花序圆锥状，花柱较长，花盘有长柔毛，子房有很密的白色疏柔毛。翅果长 3～3.5 cm，张开近于锐角或钝角，为本种极显著的特征。花期 5 月，果期 9 月。

用　　途：观叶型植物，种置于庭院、花园中。

中华槭丛林

中华槭叶

85 栾 树

别　　名：乌拉胶、石栾树

科　　名：无患子科

属　　名：栾树属

拉 丁 名：*Koelreuteria paniculata* Laxm.

识别要点：落叶乔木；叶于当年丛生新生枝上，小叶对生或互生；边缘有不规则钝锯齿，齿端具小尖头，近基部的齿疏离呈缺刻状，羽状深裂至中肋进而形成二回羽叶复状。花为聚伞圆锥花序，开花时向外反折。花期 6~8 月，果期 9~10 月。

用　　途：可用作院庭荫树、风景树、行道树；也可用于家具制造的原材料；叶可作为蓝色染料；花可供药用和作黄色染料。

栾树花

栾树花絮

栾树群花

栾树丛林

86 龟甲冬青

别　　名：豆瓣冬青、龟背冬青
科　　名：冬青科
属　　名：冬青属
拉 丁 名：*Ilex crenata* cv. convexa Makino.
识别要点：常绿小灌木；钝齿冬青的栽培变种，多分枝，小枝有灰色细毛。叶小而密，叶面
　　　　　凸起、厚革质，椭圆形至长倒卵形。花白色；果球形，黑色。花期 5 月。
用　　途：用于地被，绿篱，盆栽，庭植观赏。

龟甲冬青叶

龟甲冬青花

龟甲冬青丛林

87 金边黄杨

别　　名：金边冬青卫矛、正木
科　　名：卫矛科
属　　名：卫矛属
拉 丁 名：*Euonymus japonicus* Thunb. var. *aurea-marginatus* Hort.
识别要点：常绿灌木或小乔木；小枝略为四棱形，枝叶密生，树冠球形。单叶对生，倒卵形
　　　　　或椭圆形，边缘具钝齿，表面深绿色，有光泽。聚伞花序腋生，具长梗，花绿白
　　　　　色；蒴果球形。花期5～6月，果期9～10月。
用　　途：丛植作为绿篱，与园林其他灌木配植，在色彩上有综合的作用。

金边黄杨叶

金边黄杨丛林

88　银边黄杨

别　　名：
科　　名：卫矛科
属　　名：卫矛属
拉 丁 名：*Euonymus Japonicus* Thunb. var. *albo-marginatus* Hort.
识别要点：常绿灌木，高可达 3 m；小枝四棱，具细微皱突。叶革质，有光泽，倒卵形，边
　　　　　缘有浅细钝齿；叶柄长约 1 cm。聚伞花序，花瓣近卵圆形，着生在中轴顶部。蒴
　　　　　果近球状，淡红色；种子每室 1，顶生，椭圆状，长约 6 mm，直径约 4 mm，假
　　　　　种皮橘红色，全包种子。花期 6～7 月，果期 9～10 月。
用　　途：在园林景观中常用作绿篱或成片种植。

银边黄杨丛林

89 黄 杨

别　　名：黄杨木、锦熟黄杨
科　　名：黄杨科
属　　名：黄杨属
拉 丁 名：*Buxus sinica* (Rehd. et Wils.) Cheng.
识别要点：灌木；叶有明显蜡质层，椭圆形，常有小锯齿，叶基部圆或楔形。花序腋生，密
　　　　　集雄花无花梗；果为圆球状。花期 3 月，果期 5～6 月。
用　　途：用作绿篱，造景观赏；盆栽用于书房、客厅以及道路绿化。

黄杨花

黄杨花苞

黄杨叶

黄杨果

黄杨植株

90　雀舌黄杨

别　　名：匙叶黄杨、小叶黄杨
科　　名：黄杨科
属　　名：黄杨属
拉丁名：*Buxus bodinieri* Levl.
识别要点：灌木；叶薄革质，通常匙形，亦有狭卵形或倒卵形，叶面绿色，光亮；蒴果卵形。
　　　　　花期2月，果期5~8月。
用　　途：雀舌黄杨枝叶繁茂，叶形别致，四季常青，常用于绿篱、花坛和盆栽，用来点缀
　　　　　庭院与入口。

雀舌黄杨植株

雀舌黄杨叶

雀舌黄杨植株

91 爬山虎

别　　名：爬墙虎、地锦、飞天蜈蚣、假葡萄藤、红丝草
科　　名：葡萄科
属　　名：地锦属
拉 丁 名：*Parthenocissus tricuspidata* (S. et z.) Planch.
识别要点：藤本植物；花黄绿色或浆果紫黑色，与叶对生。雌雄同株，聚伞花序。枝上有卷
　　　　　须，叶互生，小叶肥厚，叶片及叶脉对称；叶绿色，无毛，叶背叶脉处有柔毛，
　　　　　秋季变为鲜红色。花期 6 月，果期 9~10 月。
用　　途：美化环境，可用于绿化房屋墙壁、公园山石；城市屋顶绿化，高速公路等护坡
　　　　　绿化。

爬山虎叶

爬山虎丛

爬山虎叶

爬山虎脚

92 五叶地锦

别　　名：五叶爬山虎

科　　名：葡萄科

属　　名：地锦属

拉 丁 名：*Parthenocissus quinquefolia* (L.) Planch.

识别要点：叶为掌状 5 小叶，小叶倒卵形、圆形、倒卵椭圆形或外侧小叶椭圆形，木质藤本。小枝圆柱形，无毛。卷须总状 5～9 分枝，相隔 2 节间断与叶对生，卷须顶端嫩时尖细卷曲，后遇附着物扩大成吸盘。花期 6 月，果期 10 月。

用　　途：用于垂直绿化、草坪及地被绿化，是墙面、廊架、山石或老树干的好材料，也可用作地被植物。它对二氧化硫等有害气体有较强的抗性，也宜用作工矿、街坊的绿化材料。

五叶地锦叶

五叶地锦花苞

五叶地锦丛

五叶地锦丛

93 杜 英

别　　名：山杜英
科　　名：杜英科
属　　名：杜英属
拉 丁 名：*Elaeocarpus decipiens* Hemsl.
识别要点：常绿乔木，高 10~20 m；嫩枝及顶芽初时被微毛，不久变无毛。叶薄质，披针形
　　　　　或倒披针形，顶端渐见，基部渐狭，边缘疏生浅锯齿，有叶柄。总状花序顶生或
　　　　　生于叶痕的腋部，花白色，下垂，花瓣 5。核果椭圆形，暗红色。花期 5~6 月，
　　　　　果期 7~8 月。
用　　途：工矿绿化；丛植于草坪或路口；列植成绿墙，用于遮挡和隔音。

杜英叶

杜英果

杜英花序

杜英花

杜英丛林

94 锦 葵

别　　名：钱葵、淑气花、棋盘花
科　　名：锦葵科
属　　名：锦葵属
拉 丁 名：*Malva sinensis* Cavan.
识别要点：灌木；分枝多，疏被粗毛；叶圆心形或肾形，具 5 ~ 7 圆齿状钝裂片，两面均无毛或仅脉上疏被短糙伏毛。花朵簇生，小苞片，长圆形疏被柔毛；花瓣匙形，先端微缺，爪具髯毛。果扁圆形。花期 5 ~ 10 月。
用　　途：花可供园林观赏，地植或盆栽（如阳台、卧室、书房、天台绿化）；也可与其他花、灌木配植。

锦葵花

锦葵丛

95 木 槿

别　　名：木棉、荆条、朝开暮落花、喇叭花
科　　名：锦葵科
属　　名：木槿属
拉 丁 名：*Hibiscus syriacus* L.
识别要点：落叶灌木；叶形呈叶菱形至三角状卵形。花单生于枝端叶腋间，花萼钟形；花朵色彩有纯白、淡粉红、淡紫、紫红等；花形呈钟状。蒴果卵圆形。花期 7～10 月。
用　　途：木槿是夏秋季的重要观花灌木，多用作花篱、绿篱、庭园点缀及室内盆栽；也可用于道路绿化。

木槿花

木槿花

木槿叶

木槿花苞

96　萼距花

别　　名：
科　　名：千屈菜科
属　　名：萼距花属
拉 丁 名：*Cuphea hookeriana* Walp.
识别要点：灌木或亚灌木，高 30～70 cm；分枝细，密被短柔毛。叶薄革质，披针形或卵状
　　　　　披针形，顶部线状披针形；长 2～4 cm，宽 5～15 mm。花单生叶腋，组成少花的
　　　　　总状花序，花瓣 6，其中上方 2 枚特大而显著。花期自春至秋，随枝梢的生长不
　　　　　断开花。
用　　途：观花型植物，可作绿篱；可群植、列植、丛植或花坛边缘种植。

萼距花

萼距花丛

97 紫 薇

别　　名：百日红、满堂红、痒痒树、无皮树
科　　名：千屈菜科
属　　名：紫薇属
拉 丁 名：*Lagerstroemia indica* L.
识别要点：落叶小乔木；树皮平滑，灰色或灰褐色；枝干多扭曲，小枝纤细。叶互生或有时
　　　　　对生，纸质，椭圆形、阔圆形或倒卵形。花色玫红、大红、深粉红、淡红、紫或
　　　　　白，花瓣6，皱缩。蒴果椭圆状球。花期6~9月，果期9~12月。
用　　途：观花型植物，园景树，孤植。

紫薇花

紫薇果

紫薇丛林

98　石　榴

别　　　名：安石榴、山力叶、丹若、若榴木、天浆
科　　　名：石榴科
属　　　名：石榴属
拉　丁　名：*Punica granatum* L.
识别要点：灌木；叶对生或簇生，呈长披针形至长圆形或椭圆状披针形，表面有光泽。花瓣
　　　　　倒卵形，花有单瓣、重瓣之分，花瓣多达数十枚；花多红色，也有白、黄、粉红、
　　　　　玛瑙等色。花期 5 ~ 6 月，果期 9 ~ 10 月。
用　　　途：既能赏花，又可食果；还可用石榴制作盆景。

石榴花

石榴幼果

石榴果

石榴枝叶

99 月见草

别　　名：晚樱草、待霄草、山芝麻、夜来香
科　　名：柳叶菜科
属　　名：月见草属
拉 丁 名：*Oenothera biennis* L.
识别要点：直立二年生草本；基生莲座叶丛紧贴地面，在茎枝上端常混生有腺毛；基生叶倒
　　　　　披针形，先端锐尖，基部楔形，边缘疏生不整齐的浅钝齿；茎生叶椭圆形至倒披
　　　　　针形。花序穗状，不分枝，或在主序下面具次级侧生花序。
用　　途：优良的草种，根可入药。

月见草花

月见草丛

月见草花枝

100 喜 树

别　　名：旱莲木、天梓树、千丈树、水漠子
科　　名：蓝果树科
属　　名：喜树属
拉 丁 名：*Camptotheca acuminata. Decne.*
识别要点：树皮灰色或浅灰色，纵裂成浅沟状。叶互生，纸质，矩圆状卵形或矩圆状椭圆形。头状花序近球形；翅果矩圆形，两侧具窄翅，幼时绿色，干燥后黄褐色，着生成近球形的头状果序。花期5~7月，果期9月。
用　　途：喜树的树干挺直，生长迅速，是中国优良的行道树和庭荫树；木材可用作家具及造纸原料；喜树全身是宝，其果实、根、树皮、树枝、叶均可入药。

喜树丛林

喜树果

101　洒金桃叶珊瑚

别　　名：洒金珊瑚、花叶青木、金沙树
科　　名：山茱萸科
属　　名：桃叶珊瑚属
拉 丁 名：*Aucuba japonica* Thunb. var. *variegata* D'ombr.
识别要点：常绿灌木；枝和叶均对生。叶片厚纸质至革质，叶形呈卵状椭圆形、椭圆状披针
　　　　　形，上面绿色，有大小不等的黄色或淡黄色斑点。花瓣紫红色或暗紫色，卵形或
　　　　　椭圆状披针形。花期 3~4 月，果期 11 月至次年 4 月。
用　　途：洒金桃叶珊瑚是十分优良的耐阴树种，特别是它的叶片黄绿相映，十分美丽，宜
　　　　　栽植于园林的庇荫处或树林下；在华北多见盆栽供室内布置厅堂、会场用。

洒金桃叶珊瑚叶

洒金桃叶珊瑚丛林

102 花叶常春藤

别　　名：洋常春藤、木茑、百角蜈蚣
科　　名：五加科
属　　名：常春藤属
拉 丁 名：*Hedera helix* L.
识别要点：茎生气根以攀缘他物；嫩叶以及花序被有星形鳞片，叶有柄，厚质，有香气，葡枝之叶稍作三角形，掌状。其果实、种子和叶子均有毒；果实球形。花期 9～11 月，果期翌年 4～5 月。
用　　途：室内装饰；园林植物配景；铺盖墙面，观赏性强。

花叶常春藤丛

花叶常春藤叶

103　常春藤

别　　名：三角风、枫荷梨藤、钻天风
科　　名：五加科
属　　名：常春藤属
拉 丁 名：*Hedera nepalensis* K. Koch var. *sinensis* (Tobl.) Rehd.
识别要点：常春藤本，长可达 20 ~ 30m；茎借气生根攀援；嫩枝上有柔毛。单叶互生，叶为三角状卵形，全缘或 3 裂。花两性，伞形花序单生或 2 ~ 7 顶生，花瓣 5，三角状卵形，芳香。浆果状核果，球形。花期 8 ~ 9 月，果期翌年 10 月。
用　　途：攀缘假山，垂直绿化，盆栽室内观赏。

常春藤叶

常春藤丛

常春藤丛

常青藤叶

104 刺 楸

别　　名：刺枫树、刺桐、棘楸、茨楸、辣枫树
科　　名：五加科
属　　名：刺楸属
拉 丁 名：*Kalopanax septemlobus* (Thunb.) Koidz.
识别要点：落叶乔木，高约 10 m，最高可达 30 m；胸径达 70 cm 以上，树皮暗灰棕色；小
　　　　　枝淡黄棕色或灰棕色，散生粗刺；刺基部宽阔扁平。叶片纸质，掌状 5～7 浅裂，
　　　　　裂片阔三角状卵形至长圆状卵形，基部心形，上面深绿色，无毛或几乎无毛，下
　　　　　面淡绿色，幼时疏生短柔毛，边缘有细锯齿，放射状主脉 5～7 条，两面均明显；
　　　　　叶柄细长，长 8～50 cm，无毛。圆锥花序大，伞形花序直径 1～2.5 cm，有花多
　　　　　数；总花梗细长，长 2～3.5 cm，无毛；花梗细长，无关节，无毛或稍有短柔毛，
　　　　　长 5～12 mm；花白色或淡绿黄色；萼无毛，长约 1 mm，边缘有 5 小齿；花瓣 5，
　　　　　三角状卵形，长约 1.5 mm。花期 7～10 月，果期 9～12 月。
用　　途：丛植，园景树。

刺楸叶

刺楸枝叶

刺楸丛林

105　八角金盘

别　　名：手树
科　　名：五加科
属　　名：八角金盘属
拉 丁 名：*Fatsia japonica*（Thunb）Decne.et.Planch.
识别要点：常绿灌木，常从生状；幼枝多易脱落的褐黄色毛。叶大，掌状深裂；叶色浓绿，
　　　　　稍革质。花小，白色，球状伞形花序聚生。浆果紫黑色。常生长在半阴的环境中，
　　　　　花期 10 ~ 11 月，果期翌年 2 ~ 5 月。
用　　途：观叶、观花型植物，常用作绿篱和大型景观背景材料。

八角金盘顶芽

八角金盘花序

八角金盘果序

八角金盘绿化景观

106 毛 鹃

别　　名：锦绣杜鹃、鲜艳杜鹃、春鹃
科　　名：杜鹃花科
属　　名：杜鹃花属
拉 丁 名：*Rhododendron pulchrum* Sweet.
识别要点：常绿灌木；枝密生淡棕色柔毛；叶呈椭圆形至椭圆状披针形或矩圆状倒披针形。
　　　　　花冠玫瑰红至亮红色，上瓣有浓红色斑，花萼5深裂，边缘有细锯齿，花冠宽漏
　　　　　斗状。花期4~5月，果期9~10月。
用　　途：毛鹃花开时烂漫似锦，万紫千红，增添园林的自然景观效果。在岩石旁、池畔、
　　　　　草坪边缘丛栽，具有良好的观赏效果。

毛鹃花

毛鹃花

毛鹃丛

毛鹃群花

107　比利时杜鹃

别　　名：西洋杜鹃
科　　名：杜鹃花科
属　　名：杜鹃花属
拉 丁 名：*Rhododendron hybrida*
识别要点：常绿灌木，矮小；枝、叶表面疏生柔毛。分枝多，叶互生，全缘，叶片卵圆形或
　　　　　长椭圆形，深绿色。总状花序，花顶生，花冠阔漏斗状，花有半重瓣和重瓣，花
　　　　　色有红、粉、白、玫瑰红和双色等。品种很多。花期主要在冬春季。
用　　途：盆栽，丛植，片植，用作配景，花境。

比利时杜鹃叶

比利时杜鹃植株

比利时杜鹃花

108　过路黄

别　　名：金钱草、真金草、走游草、铺地莲
科　　名：报春花科
属　　名：珍珠菜属
拉丁名：*Lysimachia christinae* Hance
识别要点：多年生草本，茎柔弱，平卧延伸，长 20～60 cm，无毛或被疏毛，幼嫩部分密被褐色无柄腺体，下部节间较短，常发出不定根。叶对生，卵圆形，先端锐尖或圆钝以至圆形，基部截形至浅心形，鲜时稍厚，透光可见密布的透明腺条，干时腺条变黑色，两面无毛或密被糙伏毛；叶柄比叶片短或与之近等长，无毛以至密被毛。花单生叶腋；花梗长 1～5 cm，通常不超过叶长，毛被如茎，花冠黄色，长 7～15 mm。蒴果球形，直径 4～5 mm，无毛，有稀疏黑色腺条。花期 5～7 月，果期 7～10 月。
用　　途：地被，野植。

过路黄花

过路黄丛

109　瓶　兰

别　　名：玉瓶兰、瓶子花、老鸦柿
科　　名：柿科
属　　名：柿属
拉 丁 名：*Diospyros armata* Hemsl.
识别要点：半常绿或常绿灌木；叶面暗绿色，革质有光泽；枝端常有枝刺。花小，乳白色，
　　　　　形状似瓶，有芳香；花萼4片，长卵形。果柄果黄色或橘红色。花期5月，果期
　　　　　10月。
用　　途：可用作盆景，同时为芳香花卉、观果型植物；也可用作绿篱，景观配植植物。

瓶兰果

瓶兰叶

瓶兰花

瓶兰幼果

110　柿

别　　　名：山柿、油柿、萼柿、树柿、霜柿
科　　　名：柿科
属　　　名：柿属
拉　丁　名：*Diospyros kaki* Thunb.
识别要点：叶纸质，卵状椭圆形，新叶生柔毛，老叶上面有光泽，深绿色，无毛，下面绿色。
　　　　　花冠钟状，黄白色，裂片卵形或心形，花冠淡黄白色或黄白色而带紫红色，壶形
　　　　　或近钟形。果有球形、扁球形、卵形。花期5~6月，果期9~10月。
用　　　途：应用于城市绿化，在园林中孤植于草坪或旷地，列植于街道两旁，也常用于城市
　　　　　及工矿区。

柿树果

柿树花

柿树果

111　迎春花

别　　名：小黄花、金腰带、黄梅、清明花
科　　名：木犀科
属　　名：素馨属
拉 丁 名：*Jasminum nudiflorum* Lindl.
识别要点：落叶灌木；直立或匍匐，枝稍扭曲，光滑无毛，小枝四棱形，棱上多少具狭翼。
　　　　　叶对生，三出复叶，小枝基部常具单叶；叶轴具狭翼，花单生于去年生小枝的叶
　　　　　腋，稀生于小枝顶端；苞片小叶状，披针形、卵形或椭圆形，花冠黄色，冬末至
　　　　　早春开花，先花后叶。花期 1~4 月。
用　　途：观花型植物，垂直绿化。

迎春花

迎春花叶

迎春花丛

112 女 贞

别　　名：白蜡树、冬青、女桢、将军树
科　　名：木犀科
属　　名：女贞属
拉 丁 名：*Ligustrum lucidum* Ait.
识别要点：常绿灌木或乔木；叶片常绿，革质，卵形、长卵形或椭圆形至宽椭圆形，叶缘平坦，上面光亮，两面无毛，果肾形或近肾形，深蓝黑色，成熟时呈红黑色，被白粉。花期5~7月，果期7月至翌年5月。
用　　途：对大气污染的抗性较强，枝叶茂密，树形整齐，可用于道路绿化；也可于庭院孤植或丛植；还可用作行道树和绿篱。

女贞叶

女贞花序

113　桂　花

别　　　名：木犀

科　　　名：木犀科

属　　　名：木犀属

拉　丁　名：*Osmanthus fragrans* Lour.

识别要点：常绿小乔木；侧芽多为 2 ~ 4 叠生；叶革质，单叶，对生，长椭圆形，全缘或上半部有锯齿。花簇生叶腋或聚伞状，花小，淡黄色或橙黄色，浓香。核果椭圆形，熟时紫黑色。花期 8 ~ 10 月，果期翌年 3 ~ 5 月。

用　　　途：观花型植物；可用作园景树，绿篱，对植，丛植，孤植。

桂花花芽

桂花花序

桂花果

桂花丛

114 小叶女贞

别　　名：小叶冬青、小白蜡、栋青、小叶水蜡树
科　　名：木犀科
属　　名：女贞属
拉 丁 名：*Ligustrum quihoui* Carr.
识别要点：落叶小灌木，高 1～3m；叶片薄革质，形状和大小变异较大，上面深绿色，下面淡绿色。花白色，香，无梗；花冠筒和花冠裂片等长；花药超出花冠裂片。核果宽椭圆形。花期 5～7 月，果期 8～11 月。
用　　途：可作庭景树，绿篱；也是制作盆景的优良树种。

小叶女贞花

小叶女贞幼果

小叶女贞球丛

小叶女贞熟果

115　花叶蔓长春

别　　名：攀缠长春花
科　　名：夹竹桃科
属　　名：蔓长春花属
拉　丁　名：*Vinca major* L. cv. *variegata*. Loud
识别要点：半灌木；矮生，枝条蔓性，匍匐生长。叶椭圆形，对生，有叶柄，亮绿色，有光
　　　　　泽，叶缘乳黄色；叶的边缘白色，有黄白色斑点。
用　　途：可作为草地绿化植被，墙面台阶覆盖植物，一般为丛植。

花叶蔓长春花

花叶蔓长春叶

花叶蔓长春丛

116　蔓长春

别　　名：蔓长春花、长春蔓、蔓性长春花

科　　名：夹竹桃科

属　　名：蔓长春花属

拉丁名：*Vinca major* L.

识别要点：蔓性半灌木；花茎直立；叶缘、叶柄、花萼及花冠喉部有毛；叶椭圆形。花冠蓝色，分裂呈 5 瓣；花冠筒漏斗状，花冠裂片倒卵形，先端圆形；花萼裂片狭披针形。花期 3～5 月。

用　　途：蔓长春四季常绿，可用作地被植物；因其花色绚丽，有着较高的观赏价值。

蔓长春花和叶

蔓长春花

117　夹竹桃

别　　名：柳叶桃、洋桃、洋桃梅、柳叶桃树
科　　名：夹竹桃科
属　　名：夹竹桃属
拉 丁 名：*Nerium indicum* Mill.
识别要点：常绿灌木；枝条灰绿色；叶顶端极尖，基部楔形，叶缘反卷。聚伞花序顶生，花
　　　　　萼5深裂，披针形花冠为漏斗状。花期4~9月，果期冬春季。
用　　途：可用于绿地、公园、小区的路边；也用于居室、厅堂、会议室的摆放观赏；可孤
　　　　　植、群植。

夹竹桃花

夹竹桃叶

夹竹桃丛林

118 大叶栀子

别　　名：大花栀子、荷花栀子、牡丹栀子
科　　名：茜草科
属　　名：栀子属
拉 丁 名：*Gardenia jasminoides* Ellis var. *grandiflora* Nakai.
识别要点：常绿灌木；枝丛生，干灰色，小枝绿色。叶对生或叶轮生，长 7～14 cm，宽 2～
　　　　　5 cm，有短柄，革质，倒卵形或矩圆状倒卵形，先端渐尖，色深绿，有光泽，托
　　　　　叶鞘状。花单生于枝端或叶腋，花冠裂片广倒披针形。果实倒卵形或长椭圆形，
　　　　　黄色，纵棱较高，果皮厚，花萼宿存，重瓣，具浓郁芳香，有短梗。花期 6 月。
用　　途：观花型植物；绿篱，片植，绿化造景。

大叶栀子嫩芽

大叶栀子花

大叶栀子叶

大叶栀子丛林

119 小叶栀子

别　　名：雀舌栀子、小花栀子、雀舌花
科　　名：茜草科
属　　名：栀子属
拉 丁 名：*Gardenia jasminoides* Ellis.
识别要点：常绿灌木或小乔木，高 100～200 cm，植株大多比较低矮；干灰色，小枝绿色。叶对生或主枝轮生，叶片倒卵状长椭圆形，长 5～14 cm，表面有光泽，全线。花单生枝顶或叶腋，白色，浓香；花冠高脚碟状，6 裂。果实卵形，具 6 纵棱；种子扁平。花期 6～8 月，果期 10 月。
用　　途：园景树，可供盆栽或制作盆景、切花；果皮可用作黄色染料；木材坚硬细致，为雕刻良材；果可入药。

小叶栀子花

小叶栀子花

小叶栀子叶

小叶栀子丛

120 马蹄金

别　　名：荷苞草、肉馄饨草、金锁匙、小马蹄金、黄疸草
科　　名：旋花科
属　　名：马蹄金属
拉 丁 名：*Dichondra repens* Forst.
识别要点：多年生草本；叶肾形至圆形，先端宽圆形或微缺，基部阔心形，叶面微被毛，背
　　　　　面及边缘被毛。花冠黄色，深5裂，裂片呈长圆状披针形，无毛。花期4~5月，
　　　　　果期5~6月。
用　　途：马蹄金叶色翠绿，叶片密集、美观，耐轻度践踏，是一种优良的草坪及地被绿化
　　　　　材料，适用于公园、机关、庭院绿地等的栽培观赏。

马蹄金叶

马蹄金丛

121　圆叶牵牛

别　　名： 喇叭花、毛牵牛、牵牛花、紫牵牛
科　　名： 旋花科
属　　名： 牵牛属
拉 丁 名： *Pharbitis purpurea* (L.) Voisgt
识别要点： 一年生缠绕草本；叶圆心形或宽卵状心形；基部圆，心形。花冠漏斗状，紫红色、红色或白色；花冠管通常白色，瓣中带于内面色深，外面色淡。花期 5～10月，果期 8～11 月。
用　　途： 观花型植物，可用作攀援棚架、篱垣。

圆叶牵牛叶

圆叶牵牛花

圆叶牵牛花

122　打碗花

别　　　名：兔耳草、富苗秧、走丝牡丹、面根藤、钩耳藤、旋花苦蔓
科　　　名：旋花科
属　　　名：打碗花属
拉　丁　名：*Calystegia hederacea* Wall.ex.Roxb.
识别要点：一年生草本，全体不被毛，植株通常矮小，高 8～30（40）cm，常自基部分枝，具细长白色的根；茎细，平卧，有细棱。基部叶片长圆形，长 2～3（5.5）cm，宽 1～2.5 cm，顶端圆，基部戟形，上部叶片 3 裂，中裂片长圆形或长圆状披针形，侧裂片近三角形，全缘或 2～3 裂，叶片基部心形或戟形。花冠淡紫色或淡红色，钟状，长 2～4 cm，冠檐近截形或微裂。蒴果卵球形，长约 1cm，宿存萼片与之近等长或稍短。种子黑褐色，长 4～5 mm，表面有小疣。
用　　　途：观花型植物，可用作攀援棚架、篱垣；也可入药。

打碗花花朵

打碗花植株

123 臭牡丹

別　　名：臭枫根、大红袍、矮桐子、臭梧桐、臭八宝
科　　名：马鞭草科
属　　名：大青属
拉　丁　名：*Clerodendrum bungei* Steud.
识别要点：灌木，高 1～2 m，植株有臭味；花序轴、叶柄密被褐色脱落性的柔毛；小枝近圆
　　　　　形，皮孔显著。叶片纸质，宽卵形或卵形，长 8～20 cm，宽 5～15 cm，顶端尖或
　　　　　渐尖，基部宽楔形、截形或心形，边缘具粗或细锯齿，侧脉 4～6 对，表面散生短
　　　　　柔毛，背面疏生短柔毛；叶柄长 4～17 cm。伞房状聚伞花序顶生，雄蕊及花柱均
　　　　　突出花冠外；花柱短于、等于或稍长于雄蕊。核果近球形，径 0.6～1.2 cm，成熟
　　　　　时蓝黑色。花果期 5～11 月。
用　　途：可用于护坡，保持水土。

臭牡丹叶

臭牡丹花

124 龙　葵

别　　名：地戎草、燕菠、地泡子、白花菜、天茄菜
科　　名：茄科
属　　名：茄属
拉 丁 名：*Solanum nigrum* L.
识别要点：茎直立，多分枝；叶卵形，顶端尖锐，全缘或有不规则波状粗齿，基部楔形，渐
　　　　　狭成柄。花序为短蝎尾状或近伞状，侧生或腋外生，细小；花序梗长；花萼杯状；
　　　　　花冠辐状，裂片卵状三角形；花柱中部以下有白色绒毛。浆果球形，熟时黑色；
　　　　　种子近卵形，压扁状。花期 7~8 月，果期 9~10 月。
用　　途：群植于高大树木下作为观赏景点；入药能起到清热、解毒、消肿的作用。

龙葵花

龙葵叶

龙葵幼果

龙葵熟果

龙葵丛

125　冬珊瑚

别　　名：珊瑚豆
科　　名：茄科
属　　名：茄属
拉 丁 名：*Solanum pseudocapsicum* L. var. *diflorum* (Vellozo) Bitter
识别要点：直立分枝小灌木，高达 2 m；全株光滑无毛。叶互生，狭长圆形至披针形，长 1 ~
　　　　　6 cm，宽 0.5 ~ 1.5 cm，先端尖或钝，基部狭楔形下延成叶柄，边全缘或波状，两
　　　　　面均光滑无毛，叶柄长约 2 ~ 5 mm。花多单生，花梗长 3 ~ 4 mm，花小，白色，
　　　　　直径 0.8 ~ 1 cm。浆果橙红色，果柄长约 1 cm，顶端膨大；种子盘状，扁平，直
　　　　　径 2 ~ 3 mm。花期 5 月，果期 8 ~ 11 月。
用　　途：观果型植物，盆栽，景观配植。

冬珊瑚花　　　　　　　　　　　　　　　　　冬珊瑚果

冬珊瑚植株

126　白花泡桐

别　　名：空桐木、水桐、紫花树毛、白花桐、笛螺木
科　　名：玄参科
属　　名：泡桐属
拉 丁 名：*Paulownia fortunei* (Seem.) Hemsl.
识别要点：单叶，对生，叶大，叶片长卵状心脏形，有时为卵状心脏形，柄上有绒毛。花大，
　　　　　淡紫色或白色，顶生圆锥花序，由多数聚伞花序复合而成；花冠管状漏斗形，白
　　　　　色仅背面稍带紫色或浅紫色，花冠钟形或漏斗形。花期3~4月，果期7~8月。
用　　途：树姿优美，花色美丽鲜艳，并有较强的净化空气和抗大气污染的能力，是城市和
　　　　　工矿区绿化的好树种；另外还具有药用价值。

白花泡桐花

白花泡桐果

白花泡桐丛林

白花泡桐植株

127　波斯婆婆纳

别　　名：阿拉伯婆婆纳
科　　名：玄参科
属　　名：婆婆纳属
拉 丁 名：*Veronica persica* Poir.
识别要点：铺散多分枝草本，高 10 ~ 50 cm；全株有毛，叶 2 ~ 4 对，具短柄，卵形或圆形，长 6 ~ 20 mm，宽 5 ~ 18 mm，基部浅心形，平截或浑圆，边缘具钝齿，两面疏生柔毛。总状花序很长，花梗比苞片长，有的超过 1 倍；花冠蓝色、紫色或蓝紫色，长 4 ~ 6 mm，裂片卵形至圆形。蒴果肾形，长约 5 mm，宽约 7 mm，被腺毛，成熟后几乎无毛，网脉明显，凹口角度超过 90°，裂片钝，宿存的花柱长约 2.5 mm，超出凹口。种子背面具深的横纹，长约 1.6 mm。花期 3 ~ 5 月。
用　　途：可用作地被，也可入药。

波斯婆婆纳花

波斯婆婆纳花序

128　楸　树

别　　名：旱楸蒜台、苦楸

科　　名：紫葳科

属　　名：梓属

拉 丁 名：*Catalpa bungei* C.A.Mey.

识别要点：乔木；叶三角状卵形或卵状长圆形，基部阔楔形或心形，叶面深绿色，叶背无毛。花冠淡红色。蒴果线形；种子狭长椭圆形，两端生长毛。花期 5 ~ 6 月，果期 6 ~ 10 月。

用　　途：孤植独赏，楸树枝干挺拔，楸花淡红素雅，树形优美，花大色艳，可作园林观赏；也可作药用。

楸树花

楸树植株

楸树植株

楸树花

129 梓 树

别　　名：花楸、水桐、河楸、臭梧桐、水桐楸、木角豆
科　　名：紫葳科
属　　名：梓属
拉 丁 名：*Catalpa ovata* G. Don.
识别要点：落叶乔木；叶对生或近于对生，有时轮生，叶阔卵形，长宽相近，顶端渐尖，基部心形，全缘或浅波状，常 3 浅裂，叶片上面及下面均粗糙，微被柔毛或近于无毛。圆锥花序顶生，花萼圆球形，花冠钟状，浅黄色，筒部内有 2 黄色条带及暗紫色斑点。花期 6~7 月，果期 8~10 月。
用　　途：可用作行道树、庭荫树以及工厂绿化树种。

梓树花

梓树果

梓树植株

130　金银花

别　　名：忍冬、银藤、二色花藤、二宝藤、鸳鸯藤

科　　名：忍冬科

属　　名：忍冬属

拉 丁 名：*Lonicera japonica* Thunb

识别要点：灌木；花初开为白色，后转为黄色；具有大的叶状苞片，苞片狭细而非叶状；萼筒密生短柔毛，小枝密生卷曲的短柔毛，枝细长，中空。雄蕊和花柱均伸出花冠，花成对生于叶腋。球形浆果，熟时黑色。花期 5~6 月，果期 8~10 月。

用　　途：可用于绿地、庭院、公园及风景区等，丛植于路旁或一隅绿化；性寒，既能宣散风热，还善清解血毒，可用于各种热性病。

金银花花朵

金银花花朵

金银花花苞

金银花丛

131　巴东荚蒾

别　　名：

科　　名： 忍冬科

属　　名： 荚蒾属

拉 丁 名： *Vibrnum henryi* Hemsl.

识别要点： 灌木或小乔木，常绿或半常绿；叶亚革质，倒卵状长圆形，有叶柄，叶背浅灰绿色，凸出羽状脉。花梗纤细，长 2 ~ 4 cm，圆锥花序顶生。果实红色，后变紫红色，椭圆形。花期 6 月，果期 8 ~ 10 月。

用　　途： 观花型植物。

巴东荚蒾叶背

巴东荚蒾花

巴东荚蒾叶

132 法国冬青

别　　名：日本珊瑚树
科　　名：忍冬科
属　　名：荚蒾属
拉 丁 名：*Viburnum odoratissimum* var. *awabuki* (K. Koch) Zabel ex Rumpl.
识别要点：常绿灌木或小乔木；叶倒卵状矩圆形至矩圆形，很少倒卵形，长 7～13 cm，顶端
　　　　　钝或急狭而钝头，基部宽楔形，边缘常有较规则的波状浅钝锯齿，侧脉 6～8 对。
　　　　　圆锥花序通常生于具 2 对叶的幼枝顶，长 9～15 cm，花柱较细，长约 1 mm，柱
　　　　　头常高出萼齿。果核通常倒卵圆形至倒卵状椭圆形。花期 5～6 月，果期 9～10 月。
用　　途：可用作绿篱，丛植，园景树，净化空气。

法国冬青丛

法国冬青叶

法国冬青花

法国冬青花序

133　菊　芋

别　　　名：洋姜、五星草、香羌
科　　　名：菊科
属　　　名：向日葵属
拉 丁 名：*Helianthus tuberosus* L.
识别要点：有块状的地下茎及纤维状根；茎直立，有分枝，被白色短糙毛或刚毛。叶通常对生，有叶柄，但上部叶互生，下部叶卵圆形或卵状椭圆形。头状花序较大，单生于枝端，有 1～2 个线状披针形的苞叶，直立，舌状花通常 12～20 个，舌片黄色。开展，长椭圆形，花冠黄色；花期 8～9 月。
用　　　途：生命力强，可用于抗风沙、保持水土；也可种植在草坪上作为绿篱。

菊芋花

菊芋群落

134　辣子草

别　　名：兔儿草、铜锤草、牛膝菊
科　　名：菊科
属　　名：牛膝菊属
拉 丁 名：*Galinsoga parviflora* Cav.
识别要点：茎圆形，有细条纹，略被毛，节膨大；单叶对生，草质，卵圆形或披针状卵圆形至披针形，先端渐尖，基部宽楔形至圆形，边缘有浅圆齿，基生三出脉，叶脉在上面凹下，下面凸起。头状花序小，顶生或腋生，有长柄，外围有少数白色舌状花。瘦果有角，顶端有鳞片。花期5~8月。
用　　途：可入药；在园林景观中属于害草，会被除去。

辣子草群落

辣子草花

辣子草植株

135 马 兰

别　　名：阶前菊、田边菊、路边菊、鱼鳅串、蓑衣莲
科　　名：菊科
属　　名：马兰属
拉 丁 名：*Kalimeris indica* (L.) Sch.-Bip.
识别要点：根状茎有匍枝，有时具直根；茎直立，上部有短毛，上部或从下部起有分枝。基
　　　　　部叶在花期枯萎；茎部叶倒披针形或倒卵状矩圆形，顶端钝或尖，基部渐狭成具
　　　　　翅的长柄，边缘从中部以上具有小尖头的钝或尖齿或羽状裂片，上部叶小，全缘，
　　　　　基部急狭无柄，全部叶稍薄质，两面或上面有疏微毛或近乎无毛，边缘及下面沿
　　　　　脉有短粗毛，中脉在下面凸起。头状花序单生于枝端并排列成疏伞房状。花期5~
　　　　　9月，果期8~10月。
用　　途：具有一定的观赏性，可丛植；全株可入药，具有败毒抗癌、凉血散淤、清热利湿、
　　　　　消肿止痛的作用。

马兰花

马兰叶

136 蒲公英

别　　名：满地金、奶汁草、婆婆丁、乳汁草、姑姑英
科　　名：菊科
属　　名：蒲公英属
拉 丁 名：*Taraxacum mongolicum* Hand.-Mazz.
识别要点：多年生草本植物；叶倒卵状披针形、倒披针形或长圆状披针形，叶边缘有时具波
　　　　　状齿或羽状深裂，花葶上部紫红色，密被蛛丝状白色长柔毛。头状花序，舌状花
　　　　　黄色，边缘花舌片背面具紫红色条纹，花药和柱头暗绿色。花果期 4～10 月。
用　　途：观花型植物；花色鲜艳矮小，可用作地被；还可药用、美容。

蒲公英花

蒲公英花

蒲公英种子

蒲公英种子

137　鬼针草

别　　名：三叶鬼针草、蟹钳草、对叉草、粘人草、一包针、
科　　名：菊科
属　　名：鬼针草属
拉 丁 名：*Bidens pilosa* L.
识别要点：一年生草本；茎直立，高 30 ~ 100 cm，被极稀疏的柔毛。茎下部叶较小，3 裂或不分裂，通常在开花前枯萎；中部叶具长 1.5 ~ 5 cm 无翅的柄，三出；小叶 3 枚，很少为具 5（7）小叶的羽状复叶，两侧小叶椭圆形或卵状椭圆形，长 2 ~ 4.5 cm，宽 1.5 ~ 2.5 cm，先端尖锐，基部近圆形或阔楔形，有时偏斜，不对称，具短柄，

边缘有锯齿；顶生小叶较大，长椭圆形或卵状长圆形，长 3.5 ~ 7 cm，先端渐尖，基部渐狭或近圆形，具长 1 ~ 2 cm 的柄，边缘有锯齿，无毛或被极稀疏的短柔毛；上部叶小，3 裂或不分裂，条状披针形。头状花序，直径 8 ~ 9 mm，有花序梗，无舌状花，盘花筒状。瘦果黑色，条形，略扁，具棱，长 7 ~ 13 mm，宽约 1 mm，顶端芒刺 3 ~ 4 枚，长 1.5 ~ 2.5 mm，具倒刺毛。花期 5 月。

鬼针草花

用　　途：全株可入药。

鬼针草植株

鬼针草植株

138　小飞蓬

别　　名：小蓬草、加拿大蓬、小白酒草、祁州一枝蒿
科　　名：菊科
属　　名：白酒草属
拉 丁 名：*Conyza canadensis* (L.) Cronq.
识别要点：茎直立，株高 50～100 cm，具粗糙毛和细条纹。叶互生，叶柄短或不明显；叶片窄披针形，全缘或微锯齿，有长睫毛。头状花序有短梗，多形成圆锥状；总苞半球形，总苞片 2～3 层，披针形，边缘膜质；舌状花直立，小，白色至微带紫色；筒状花短于舌状花。瘦果扁长圆形，具毛，冠毛污白色。花期 6～9 月，果期 10 月。
用　　途：全草或鲜叶可入药。

小飞蓬植株

小飞蓬花

139 沿阶草

别　　名：绣墩草
科　　名：百合科
属　　名：沿阶属
拉 丁 名：*Ophiopogon bodinieri* Levl.
识别要点：沿阶草的茎很短；叶基生成丛，禾叶状，先端渐尖，边缘具细锯齿。花葶较叶稍
　　　　　短或等长，总状花序长 1 ~ 7 cm，具几朵至十几朵花；花常单生或 2 朵簇生于苞
　　　　　片腋内；花被片卵状披针形、披针形或近矩圆形，内轮 3 片宽于外轮 3 片，白色
　　　　　或稍带紫色。花期 6 ~ 8 月，果期 8 ~ 10 月。
用　　途：可成片栽于风景区的阴湿空地和水边湖畔作为地被植物，也可用作盆栽观叶植物。

沿阶草花

沿阶草幼果

沿阶草丛

沿阶草果

140　金边吊兰

别　　名：
科　　名：百合科
属　　名：吊兰属
拉 丁 名：*Chlorophytum comosum* (Thunb.) Baker
识别要点：常绿草本植物；叶片宽线形，嫩绿色，着生于短茎上，具有肥大的圆柱状肉质根。
　　　　　花序弯曲下垂；花径上常生出数丛由株芽形成的带根的小植株。花期 6 ~ 8 月。
用　　途：可置于明亮的房间内常年欣赏；悬吊或摆放在橱顶或花架上，能吸收有毒气体；
　　　　　也可作为园林植物配景。

金边吊兰植株

金边吊兰花

141 萱 草

别　　名：黄花菜、金针菜、鹿葱、忘郁、忘萱草
科　　名：百合科
属　　名：萱草属
拉 丁 名：*Hemerocallis fulva* (L.) L.
识别要点：根近肉质，中下部有纺锤状膨大；叶一般较宽。花早上开晚上凋谢，无香味，橘红色至橘黄色，内花被裂片下部一般有采斑。这些特征可以区别于本国产的其他种类。花果期 5～7 月。
用　　途：重要的观赏及切花花卉。

萱草丛

萱草花苞

142　丝　兰

别　　　名：软叶丝兰、毛边丝兰、洋菠萝
科　　　名：百合科
属　　　名：丝兰属
拉 丁 名：*Yucca smalliana* Fern.
识别要点：茎很短或不明显。叶近莲座状簇生，坚硬，近剑形或长条状披针形，顶端具一硬
　　　　　刺，边缘有许多稍弯曲的丝状纤维。花葶高大而粗壮；花近白色，下垂，花序轴
　　　　　有乳突状毛。秋季开花。
用　　　途：适于庭园、公园、花坛中孤植或丛植，常栽在花坛中心、庭前、路边、岩石、台
　　　　　坡等处；也可和其他花卉配植，还可以作为围篱或种于围墙、栅栏之下。

丝兰植株

丝兰叶

143　花朱顶红

别　　名：华胄兰、朱顶兰、百枝莲、续带蒜
科　　名：石蒜科
属　　名：朱顶红属
拉 丁 名：*Hippeastrum vittatum* (L'Her.) Herb.
识别要点：鳞茎肥大，近球形；叶片两侧对生，带状，先端渐尖，2～8 枚，叶片多于花后生
　　　　　出。花梗中空，被有白粉。花期 2～5 月。
用　　途：花色种类繁多，常作为盆栽植物，养于客厅、阳台、花园等处观赏。

花朱顶红花、叶

花朱顶红花

144　葱　莲

别　　　名：葱莲玉、帘葱兰、王帝
科　　　名：石蒜科
属　　　名：葱莲属
拉 丁 名：*Zephyranthes candida*(Lindl.)Herb.
识别要点：鳞茎卵形，直径约 2.5 cm，具有明显的颈部，颈长 2.5~5 cm。叶狭线形，肥厚，亮绿色，长 20~30 cm，宽 2~4 mm。花茎中空；花单生于花茎顶端，下有带褐红色的佛焰苞状总苞，总苞片顶端 2 裂；花梗长约 1 cm；花白色，外面常带淡红色；几乎无花被管，花被片 6，长 3~5 cm，顶端钝或具短尖头，宽约 1 cm，近喉部常有很小的鳞片；雄蕊 6，长约为花被的 1/2；花柱细长，柱头不明显 3 裂。蒴果近球形，直径约 1.2 cm，3 瓣开裂；种子黑色，扁平。花期秋季。
用　　　途：观花型植物，可用作地被。

葱莲花

145 日本鸢尾

别　　名：蝴蝶花、板子草、扁担叶、扁竹根、豆豉草
科　　名：鸢尾科
属　　名：鸢尾属
拉 丁 名：*Iris japonica* Thunb.
识别要点：多年生草本。叶基生，暗绿色，有光泽，近地面处带红紫色，剑形，有 2 ~ 4 朵花；叶多自根生，剑形，扁平，上面深绿色，背面淡绿色。花淡蓝色或蓝紫色，花盛开时向外展开。花期 3 ~ 4 月，果期 5 ~ 6 月。
用　　途：观花型植物，一般种于园路两旁。

日本鸢尾花

日本鸢尾植株

146 鸢尾

别　　名：扁竹花、屋顶鸢尾、蓝蝴蝶、紫蝴蝶、蛤蟆七
科　　名：鸢尾科
属　　名：鸢尾属
拉丁名：*Iris tectorum* Maxim.
识别要点：多年生草本，植株基部围有老叶残留的膜质叶鞘及纤维。叶基生，黄绿色，稍弯
　　　　　曲，中部略宽，宽剑形，顶端渐尖，基部鞘状，有数条不明显的纵脉。蓝紫色的
　　　　　花，直径约 10 cm；花梗甚短；花被管细长，上端膨大成喇叭形，外花被裂片圆
　　　　　形或宽卵形。蒴果长椭圆形或倒卵形，有 6 条明显的肋，成熟时自上而下 3 瓣裂；
　　　　　种子黑褐色，梨形，无附属物。花期 4~5 月，果期 6~8 月。
用　　途：是庭园中的重要花卉之一，也是优美的盆花、切花和花坛用花；根状茎可用作中药。

鸢尾花

鸢尾果

鸢尾丛

147 紫鸭趾草

别　　名：紫竹梅、紫叶草

科　　名：鸭跖草科

属　　名：鸭跖草属

拉 丁 名：*Setcreasea purpurea* B.K.Boom.

识别要点：草本，植株高 20～30 cm；茎伸长半蔓性，匍匐地面生长。叶披针形，卷曲状，
　　　　　紫红色，质脆，被细绒毛。茎紫褐色，直立性，伸长后即倒伏地面。春夏季开花，
　　　　　花色桃红。光照强烈时叶色为浓紫色，荫蔽处叶色转褐绿色。

用　　途：其花叶俱美，为优良地被植物；也可盆栽，作为室内观叶植物。

紫鸭趾草叶

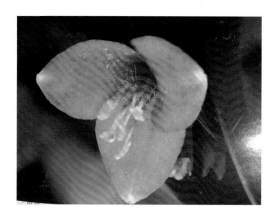

紫鸭趾草花

148　黄金间碧玉

别　　名：黄皮刚竹、黄皮绿筋竹、金竹

科　　名：禾本科

属　　名：钢竹属

拉 丁 名：*Phyllostachys aureosulcata* M.

识别要点：丛生竹，秆金黄色，节间带有绿色条纹。生长较松散，枝与枝之间空间较大，看起来较零乱。每枝有 4、5 片叶片，长弧形，顶端尖，往基部渐椭。

用　　途：点缀美化环境，如竹子长廊、绿化广场，一年四季可营造大型园林竹景；还可用作隔音围墙、室内绿化、天井绿化工程等，对其进行设计和施工有很好的效果。

黄金间碧玉枝干

黄金间碧玉叶

黄金间碧玉丛

黄金间碧玉丛林

149　慈　竹

别　　　名：茨竹、甜慈、钓鱼慈、丛竹、子母竹
科　　　名：禾本科
属　　　名：簕竹属
拉　丁　名：*Bambusa emeiensis* L. C. Chia & H. L. Fung
识别要点：主干高 5～10 cm，顶端细长，弧形，弯曲下垂如钓丝状，粗 3～5 cm。全竿共 30
　　　　　节左右，竿壁薄；节间圆筒形，长 15～30（60）cm，径粗 3～6 cm，表面贴生灰白
　　　　　色或褐色疣基小刺毛。叶片窄披针形，大多长 10～30 cm，宽 1～3cm，质薄，先端
　　　　　渐细尖，基部圆形或楔形，上表面无毛，下表面被细柔毛，次脉 5～10 对，小横脉
　　　　　不存在，叶缘通常粗糙。笋期 6～9 月或 12 月至翌年 3 月，花期多在 7～9 月。
用　　　途：可用于丛植，背景林，林群，专类园。

慈竹枝干

慈竹叶

慈竹丛林

150　凤尾竹

别　　名：观音竹、米竹、筋头竹
科　　名：禾本科
属　　名：簕竹属
拉 丁 名：*Bambusa multiplex f. fernleaf* (R. A. Young) T. P. Yi
识别要点：常绿丛生灌木，秆高 1~3 m，径 0.5~1 cm，梢头微弯，节间长 16~20 cm，壁薄，
　　　　　竹秆深绿色，被稀疏白色短刺，幼时可见白粉，秆环不明显，箨环具木栓环而显
　　　　　著隆起或下翻，其上密被向下倒伏的棕色长绒毛。分枝多数，呈半轮生状，主枝
　　　　　不明显。叶片线状披针形，有茎生叶与营养叶之分，常 20 片排生于枝的两侧，似
　　　　　羽状，长 3.5~6.5 cm、宽 0.4~0.7 cm。箨鞘厚革质，短于节间，背面密被黄棕色
　　　　　刺毛，鞘口略呈弧形隆起，两肩稍隆起；箨耳缺，隧毛发达，长达 10 mm；箨叶
　　　　　披针形至三角状披针形，中上部边缘内卷，顶端锥状。笋期较长，从 4~10 月不
　　　　　断萌发新笋，出笋期可以延续 3~6 个月。花期不固定，一般相隔甚长。果实有各
　　　　　种类型，颖果较常见。因株型矮小，绿叶细密婆娑，风韵潇洒，好似凤尾。
用　　途：观叶型植物，常用作丛生、景观背景、造景等。

凤尾竹丛

凤尾竹叶

151 老人葵

别　　名：加州蒲葵、丝葵、华盛顿棕榈
科　　名：棕榈科
属　　名：丝葵属
拉 丁 名：*Washingtonia filifera* Wendl.
识别要点：乔木；树干基部通常不膨大，向上为圆柱状，顶端稍细，被覆许多下垂的枯叶；去掉枯叶，树干呈灰色，可见明显的纵向裂缝和不太明显的环状叶痕。叶基密集，不规则；叶大型，在裂片之间及边缘具灰白色的丝状纤维，裂片灰绿色，无毛；叶柄与叶片近等长，基部扩大成革质的鞘，在老树的叶柄下半部一边缘具小刺，小刺正三角形，稍具钩状或不具钩状，其余部分无刺或具极小的几个小刺；叶轴三棱形；戟突三角形，边缘干膜质。花序大型，弓状下垂，从管状的一级佛焰苞内抽出几个大的分枝花序。果实卵球形。花期 7 月。
用　　途：孤植于庭院之中观赏，或列植于大型建筑物前及道路两旁，是极好的绿化树种。

老人葵叶

老人葵叶

老人葵植株

152 棕 竹

别　　名：观音竹、筋头竹
科　　名：棕榈科
属　　名：棕竹属
拉 丁 名：*Rhapis excelsa* (Thunb.) Henry ex Rehd.
识别要点：丛生灌木；茎干直立圆柱形，有节，不分枝，有叶节，上部被叶鞘。叶集生茎顶，掌状深裂，裂片 4 ~ 10 片，不均等，具 2 ~ 5 条肋脉，在基部（即叶柄顶端）1 ~ 4 cm 处连合，边缘及肋脉上有稍锐利的锯齿，横小脉多而明显；叶柄细长，两面凸起或上面稍平坦，边缘微粗糙，顶端的小戟突略呈半圆形或钝三角形，被毛。肉穗花序腋生，花小，淡黄色，极多，单性，雌雄异株。果实球状倒卵形，种子球形。花期 4 ~ 5 月，果期 10 ~ 12 月。
用　　途：棕竹为典型室内常绿观叶植物。

棕竹丛林

棕竹叶

153 棕 榈

别　　名：唐棕、拼棕、中国扇棕、棕树、山棕
科　　名：棕榈科
属　　名：棕榈属
拉 丁 名：*Trachycarpus fortunei* (Hook.) H. Wendl.
识别要点：树干圆柱形，被不易脱落的老叶柄基部和密集的网状纤维；叶片呈 3/4 圆形或者
　　　　　近圆形，深裂成 30 ~ 50 片具皱折的线状剑形，硬挺甚至顶端下垂；叶柄长 75 ~
　　　　　80 cm，甚至更长，两侧具细圆齿，顶端有明显的戟突。花序粗壮，从叶腋抽出，
　　　　　通常是雌雄异株。花期 4 月，果期 12 月。
用　　途：树形优美，是庭园绿化的优良树种，孤植、群植都可得到良好的景观效果。

棕榈叶

棕榈丛林

棕榈植株

棕榈夏景

154　加拿利海枣

别　　名：长叶刺葵、加拿利刺葵、槟榔竹

科　　名：棕榈科

属　　名：刺葵属

拉　丁　名：*Phoenix canariensis* Chabaud

识别要点：常绿乔木，高可达 10~15 m、粗可达 60~80 cm。叶大型，长可达 4~6 m，呈弓状弯曲，集生于茎端。单叶，羽状全裂，成树叶片的小叶有 150~200 对，形窄而刚直，端尖，上部小叶不等距对生，中部小叶等距对生，下部小叶每 2~3 片簇生，基部小叶成针刺状。叶柄短，基部肥厚，黄褐色。叶柄基部的叶鞘残存在干茎上，形成稀疏的纤维状棕片。花期 5~7 月，肉穗花序从叶间抽出，多分枝。果期 8~9 月，果实卵状球形，先端微突，成熟时橙黄色，有光泽。种子椭圆形，中央具深沟，灰褐色。

用　　途：观叶型植物。可盆栽，用于室内布置，也可室外露地栽植，无论行列种植还是丛植，都有很好的观赏效果。应用于公园造景、行道绿化，效果极好。其球形树冠、金黄色的果穗、菱形叶痕、粗壮茎干以及长长的羽状叶极具观赏价值，常用于营造热带风景。

加拿利海枣丛

加拿利海枣果

加拿利海枣花序

加拿利海枣主干

155 芭 蕉

别　　名：板蕉、大芭蕉头
科　　名：芭蕉科
属　　名：芭蕉属
拉 丁 名：*Musa basjoo* Siebold.
识别要点：常绿大型多年生草本，植株高 2.5～4 m。叶片长圆形，长 2～3 m，宽 25～30 cm；先端钝，基部圆形或不对称；叶面鲜绿色，有光泽；叶柄粗壮，长达 30 cm。花序顶生，下垂；苞片红褐色，雄花生于花序上部，雌花生于花序下部。浆果三棱状，长圆形，近无柄，肉质；种子黑色。
用　　途：观叶型植物，丛植，景观配植。

芭蕉叶

芭蕉植株

156 美人蕉

别　　　名：红艳蕉、大花美人蕉、小芭蕉
科　　　名：美人蕉科
属　　　名：美人蕉属
拉 丁 名：*Canna indica* L.
识别要点：多年生草本植物，全株绿色光滑无毛；单叶互生，叶片呈卵状长圆形。总状花序，
　　　　　花单生或对生；萼片 3，绿白色，先端带红色；花冠大多红色，鲜红色；唇瓣披
　　　　　针形。花果期 3~12 月。
用　　　途：花大色艳、色彩丰富，株形好，观赏价值很高。可盆栽或地栽，也可作为景观植
　　　　　物配植，装饰花坛。

美人蕉植株

美人蕉丛

美人蕉花

美人蕉花

参考文献

[1] 宋培浪，韩国营，朱虹. 贵州植物彩色图鉴·珍稀濒危及特有植物卷（Ⅰ）[M]. 贵阳：贵州科技出版社，2014.

[2] 邹天才. 贵州特有及稀有种子植物[M]. 贵阳：贵州科技出版社，2001.

[3] 李永康. 贵州植物志（第一卷）[M]. 贵阳：贵州人民出版社，1984.

[4] 李永康. 贵州植物志（第二卷）[M]. 贵阳：贵州人民出版社，1984.

[5] 李永康. 贵州植物志（第三卷）[M]. 贵阳：贵州人民出版社，1986.

[6] 李永康. 贵州植物志（第四卷）[M]. 成都：四川民族出版社，1989.

[7] 李永康. 贵州植物志（第五卷）[M]. 成都：四川民族出版社，1988.

[8] 李永康. 贵州植物志（第六卷）[M]. 成都：四川民族出版社，1989.

[9] 李永康. 贵州植物志（第七卷）[M]. 成都：四川民族出版社，1989.

[10] 李永康. 贵州植物志（第八卷）[M]. 成都：四川民族出版社，1988.

[11] 李永康. 贵州植物志（第九卷）[M]. 成都：四川民族出版社，1989.

[12] 陈谦海. 贵州植物志（第十卷）[M]. 贵阳：贵州科技出版社，2004.

[13] 王守超，余波强. 贵阳市种子植物种质资源[M]. 贵阳：贵州科技出版社，2010.

[14] 克里斯托弗·布里克尔. 世界园林植物与花卉百科全书[M]. 郑州：河南科学技术出版社，2013.

[15] 王辰，王英伟. 中国湿地植物图鉴[M]. 重庆：重庆大学出版社，2011.

[16] 王玉生，蔡岳文. 南方药用植物[M]. 广州：南方日报出版社，2011.

[17] 李强，徐烨春. 湿地植物[M]. 广州：南方日报出版社，2010.

附　录

附录 A　部分常见绿化植物

乔　木

八角枫
Langium chinense (Lour.) Harms

七叶树
Aesculus chinensis Bunge

拐　枣
Poliothyrsis sinensis Oliv.

灯台树
Bothrocaryum controversum (Hemsl.)Pojark.

黑壳楠
Bothrocaryum controversum (Hemsl.)Pojark.

黄山玉兰
Yulania cylindrica (E. H. Wilson) D. L. Fu

灌 木

枸骨
Ilexcornuta Lindl. et Poxt.

橡皮树
Ficus elastica Roxb. ex Hornem

百合杜鹃
Rhododendron liliiflorum Levl.

黄杜鹃
Rhododendron molle (Blume) G. Don

灯笼花
Agapetes lacei Craib.

东 鹃
Rhododendron irroratum Franch.

藤 本

凌 霄
Campsis grandiflora (Thunb.) Schum.

菝 葜
Heteros milax L.

悬钩子
Rubus corchorifolius L. f.

天门冬
Asparaguscochin chinensis (Lour.)Merr.

葛 藤
Asparagus cochinchinensis (Lour.)Merr.

中华猕猴桃
Actinidia chinensis Planch.var. *chinensis*

草本植物

多花黄精
Polygonatum cyrtonema Hua.

千日红
Gomphrena globosa L.

常夏石竹
Dianthus plumarius L.

大丽花
Dahlia pinnata Cav.

甘 蓝
Brassica oleracea var.*acephala* f. *tricolor* Hort.

蝴蝶兰
*Phalaenopsisa phrodite*Rchb.f.

蕨类植物

巢 蕨
Neottopter isnidus (L.) J. Sm.

桫 椤
Alsophila spinulosa (Wall. ex Hook.) R. M. Tryon

芒 萁
Dicranopteris dichotoma (Thunb.)Bernh.

井栏边草
Pteris multifida Poir.

节节草
Equisetum ramosissimum Desf.

铁线蕨
Adiantum flabellulatum L.

裸子植物

南洋杉
Araucaria cunninghamii Sweet.

日本冷杉
Abies firma Siebold&Zucc.

千头柏
Platycladusorientalis (Linn.)Franco cv. Sieboldii

铺地柏
Sabina procumbens Iwata &Kusaka

金钱松
Pseudolarix amabilis (J. Nelson) Rehder

肉质植物

令箭荷花
Schlum lergeratruncata (Haw.) Moran.

金手指
Mammillar iaelongata

观音莲
Sempervivum tectorum

金　琥
Echinocactus grusonii Hildm.

翡翠景天
Sedum marganianum 'Burrito'

观音掌
Pollicipes mitella L.

棕竹类植物

佛肚竹
Bambusa ventricosa McClure

棕 竹
Rhapis excelsa(Thunb.)Henry ex Rehd.

箬 竹
Rhapis excelsa (Thunb.)Henry ex Rehd.

袖珍椰子
Chamaedorea elegans Mart.

水生植物

慈 姑
Sagittar iatrifolia L.

旱伞草
Cyperusalter nifolius L.

荷 花
Nelumbo nucifera Gaertn.

凤眼蓝
Eichhornia crassipes (Mart.) Solme.

附录 B　植物的形态解剖图解

（本部分资料来源：微信号"有水平"共享资料）

叶

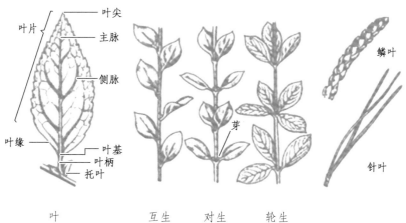

叶　　　　互生　对生　轮生

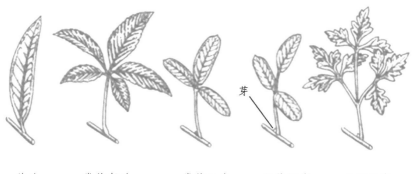

单叶　　　掌状复叶　　　掌状三出　　　羽状三出　　　二回三出

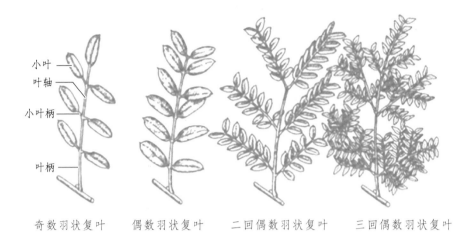

小叶 ——			
叶轴 ——			
小叶柄 ——			
叶柄 ——			

奇数羽状复叶　　偶数羽状复叶　　二回偶数羽状复叶　　三回偶数羽状复叶

叶　位

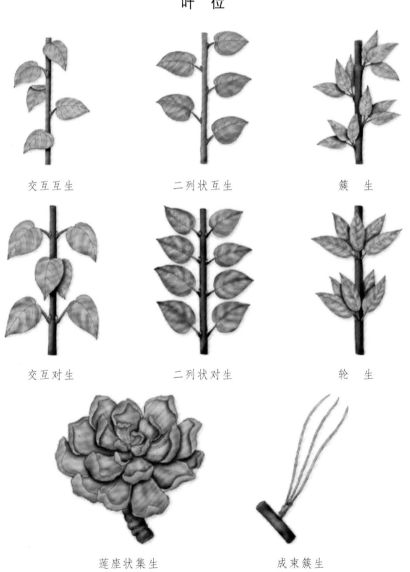

交互互生　　　　　二列状互生　　　　　簇　生

交互对生　　　　　二列状对生　　　　　轮　生

莲座状集生　　　　　　　　成束簇生

 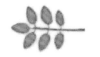

| 单叶 | 奇数羽状复叶 | 偶数羽状复叶 | 三出复叶 |

| 二回偶数羽状复叶 | 三回奇数羽状复叶 | 轮生 | 莲座状着生 |

| 单叶对生 | 单叶互生 | 盾状着生 | 贯穿叶 |

叶 形

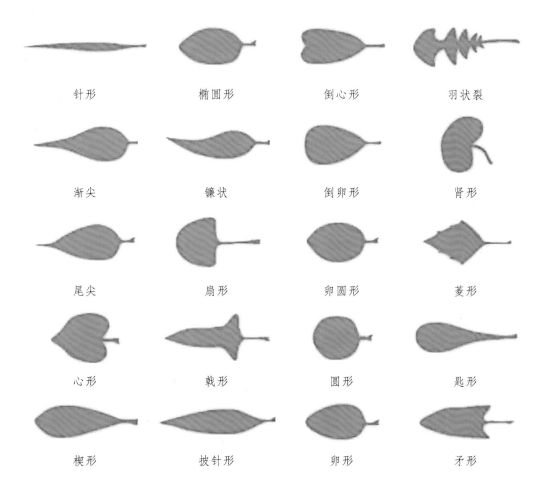

| 针形 | 椭圆形 | 倒心形 | 羽状裂 |

| 渐尖 | 镰状 | 倒卵形 | 肾形 |

| 尾尖 | 扇形 | 卵圆形 | 菱形 |

| 心形 | 戟形 | 圆形 | 匙形 |

| 楔形 | 披针形 | 卵形 | 矛形 |

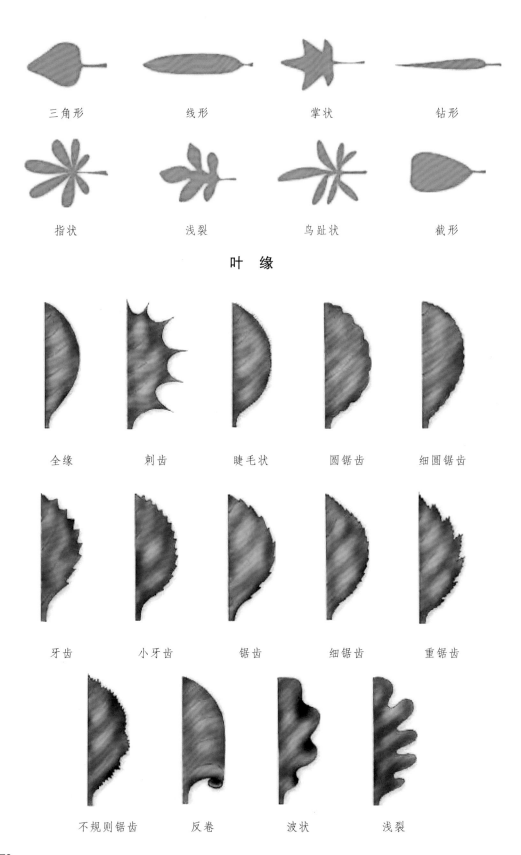

三角形　　　　線形　　　　掌状　　　　钻形

指状　　　　浅裂　　　　鸟趾状　　　　截形

叶　缘

全缘　　　刺齿　　　睫毛状　　　圆锯齿　　　细圆锯齿

牙齿　　　小牙齿　　　锯齿　　　细锯齿　　　重锯齿

不规则锯齿　　　反卷　　　波状　　　浅裂

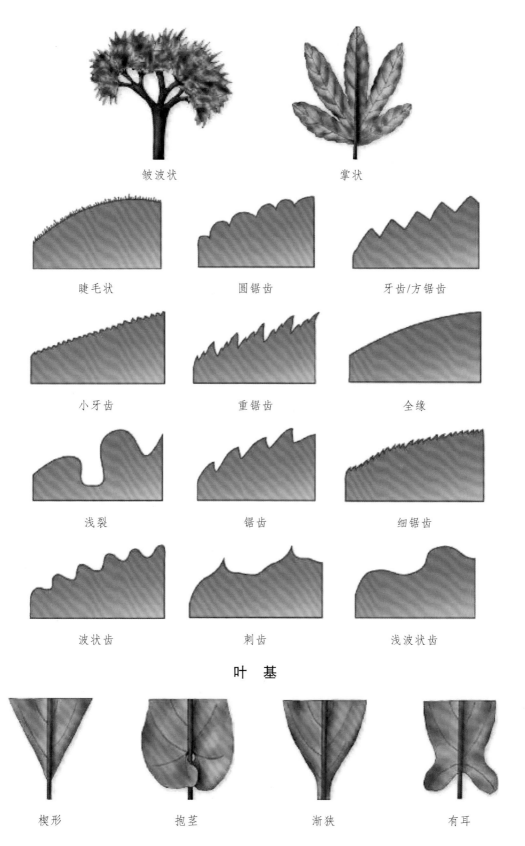

皱波状   掌状

睫毛状   圆锯齿   牙齿/方锯齿

小牙齿   重锯齿   全缘

浅裂   锯齿   细锯齿

波状齿   刺齿   浅波状齿

叶 基

楔形   抱茎   渐狭   有耳

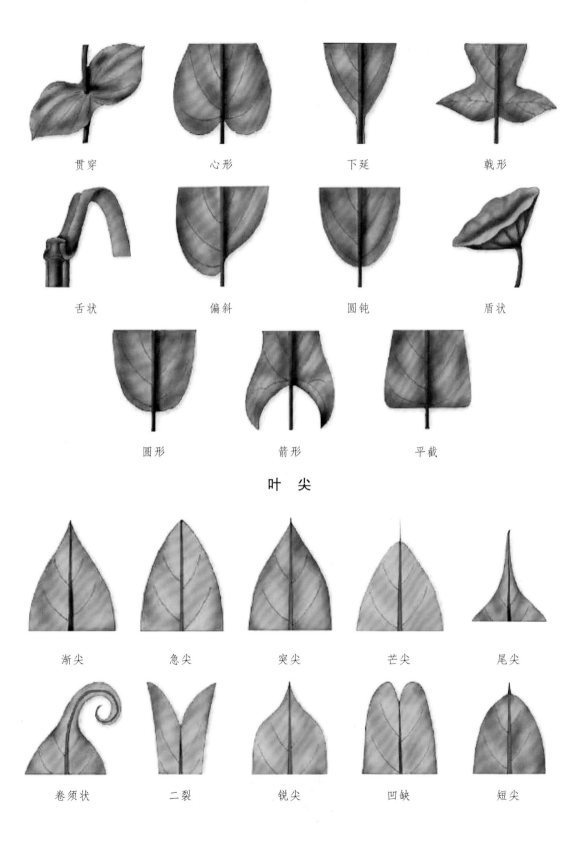

贯穿　　　　　　心形　　　　　　下延　　　　　　戟形

舌状　　　　　　偏斜　　　　　　圆钝　　　　　　盾状

圆形　　　　　　箭形　　　　　　平截

叶　尖

渐尖　　　　急尖　　　　突尖　　　　芒尖　　　　尾尖

卷须状　　　　二裂　　　　锐尖　　　　凹缺　　　　短尖

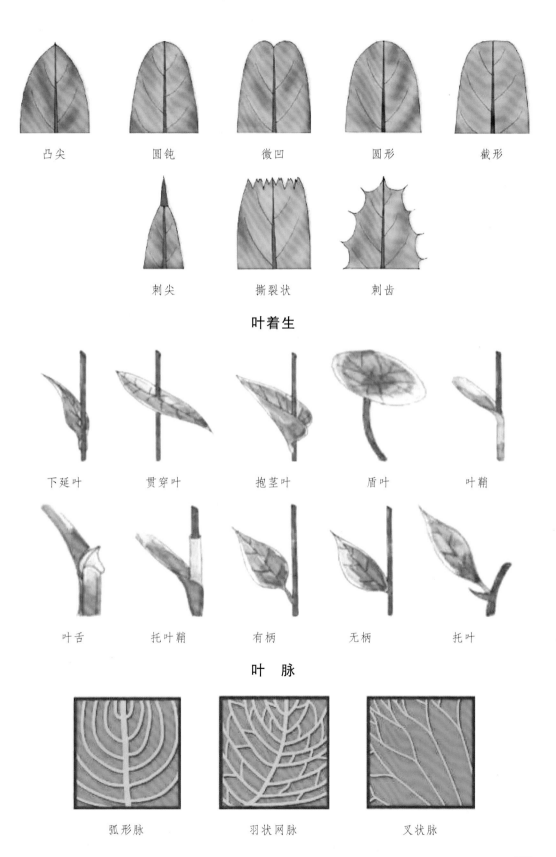

凸尖 圆钝 微凹 圆形 截形

刺尖 撕裂状 刺齿

叶着生

下延叶 贯穿叶 抱茎叶 盾叶 叶鞘

叶舌 托叶鞘 有柄 无柄 托叶

叶　脉

弧形脉 羽状网脉 叉状脉

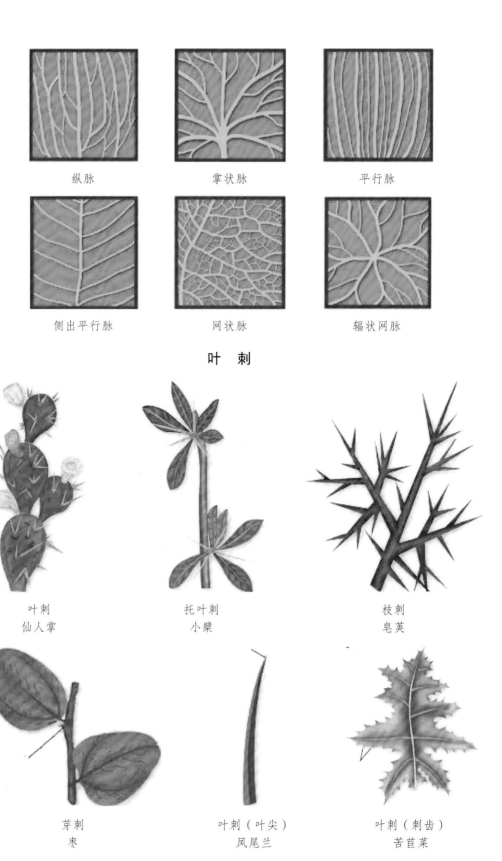

纵脉　　　　掌状脉　　　　平行脉

侧出平行脉　　　网状脉　　　辐状网脉

叶　刺

叶刺
仙人掌

托叶刺
小檗

枝刺
皂荚

芽刺
枣

叶刺（叶尖）
凤尾兰

叶刺（刺齿）
苦苣菜

叶毛被

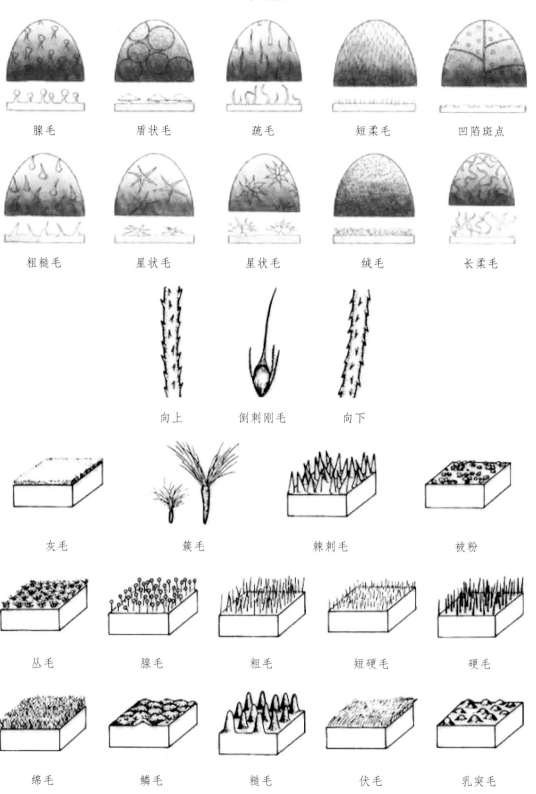

腺毛	盾状毛	疏毛	短柔毛	凹陷斑点
粗糙毛	星状毛	星状毛	绒毛	长柔毛

向上　　　倒刺刚毛　　　向下

灰毛	簇毛	棘刺毛	被粉

丛毛	腺毛	粗毛	短硬毛	硬毛
绵毛	鳞毛	糙毛	伏毛	乳突毛

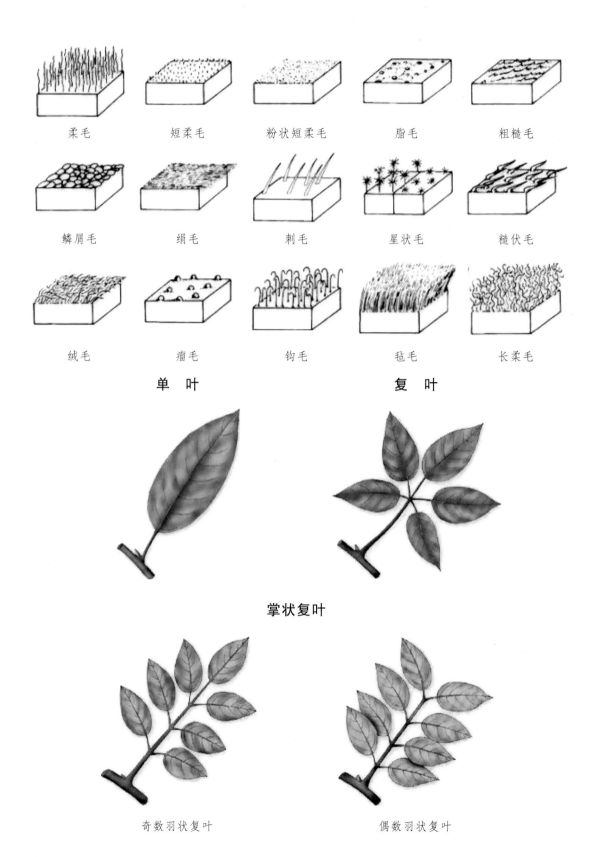

柔毛　　短柔毛　　粉状短柔毛　　脂毛　　粗糙毛

鳞屑毛　　绢毛　　刺毛　　星状毛　　糙伏毛

绒毛　　瘤毛　　钩毛　　毡毛　　长柔毛

单　叶　　　　　　　复　叶

掌状复叶

奇数羽状复叶　　　　偶数羽状复叶

二回偶数羽状复叶

三回奇数羽状复叶

变态叶

卷须叶
须叶藤

刺叶
仙人掌

捕虫叶
猪笼草

鳞叶
洋葱

无性繁殖叶（产生不定芽）
落地生根

花

花（结构）

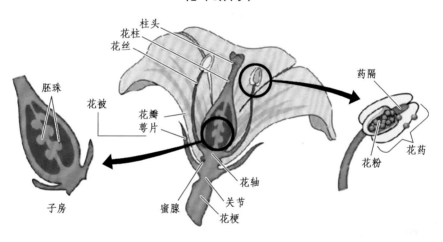

柱头
花柱
花丝
胚珠
花被
花瓣
萼片
药隔
花粉
花药
子房
蜜腺
花轴
关节
花梗

花（单子叶植物）

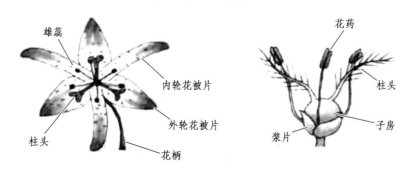

雄蕊
内轮花被片
外轮花被片
柱头
花柄
花药
柱头
子房
浆片

第三朵小花

内稃

第二朵小花

外稃

第一朵小花

内颖

外颖

小穗轴

穗轴

花（禾本科）

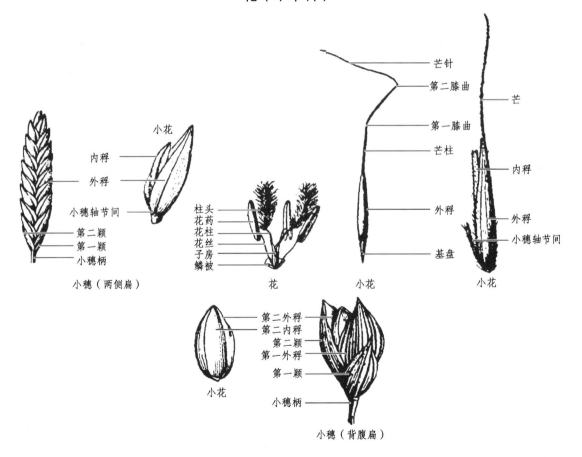

小花

内稃

外稃

小穗轴节间

第二颖
第一颖
小穗柄

小穗（两侧扁）

柱头
花药
花柱
花丝
子房
鳞被

花

芒针

第二膝曲

第一膝曲

芒柱

外稃

基盘

小花

芒

内稃

外稃

小穗轴节间

小花

第二外稃
第二内稃
第二颖
第一外稃
第一颖

小花

小穗柄

小穗（背腹扁）

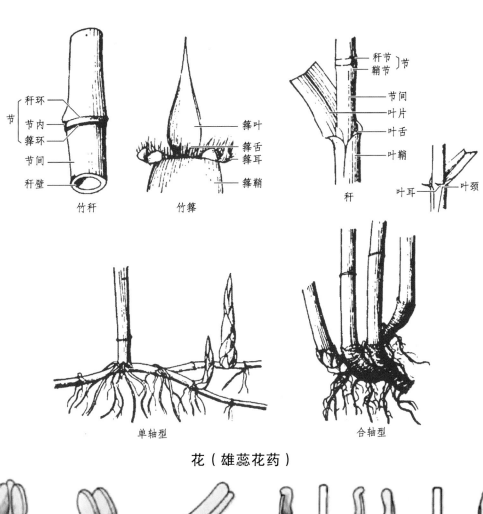

竹秆   竹箨   秆

单轴型   合轴型

花（雄蕊花药）

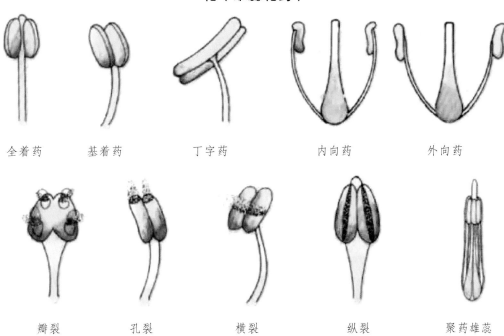

全着药   基着药   丁字药   内向药   外向药

瓣裂   孔裂   横裂   纵裂   聚药雄蕊

四强雄蕊

二强雄蕊

二体雄蕊

单体雄蕊

花（子房）

上位子房

下位子房

周位子房

横生胚珠

倒生胚珠

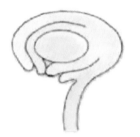

弯生胚珠

直生胚珠

中轴胎座

侧膜胎座

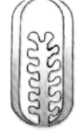

特立中央胎座

花 冠

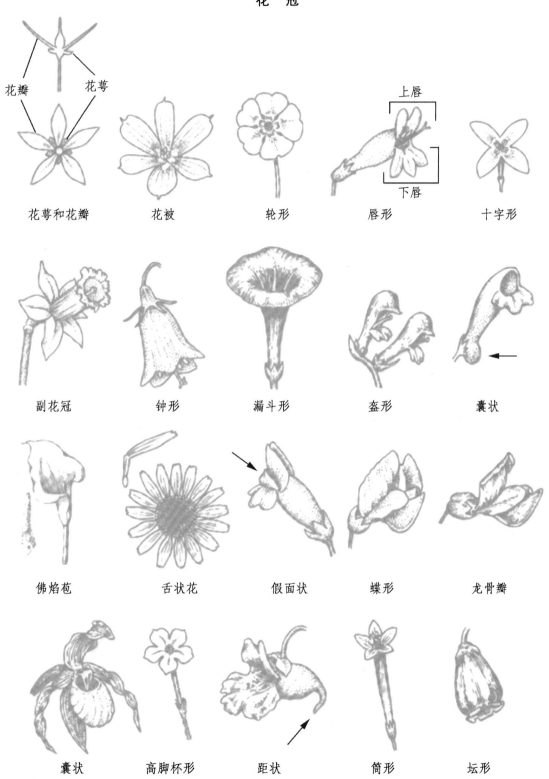

花瓣　花萼

花萼和花瓣　　　　花被　　　　轮形　　　　上唇　下唇　唇形　　　　十字形

副花冠　　　　钟形　　　　漏斗形　　　　盔形　　　　囊状

佛焰苞　　　　舌状花　　　　假面状　　　　蝶形　　　　龙骨瓣

囊状　　　　高脚杯形　　　　距状　　　　筒形　　　　坛形

花 序

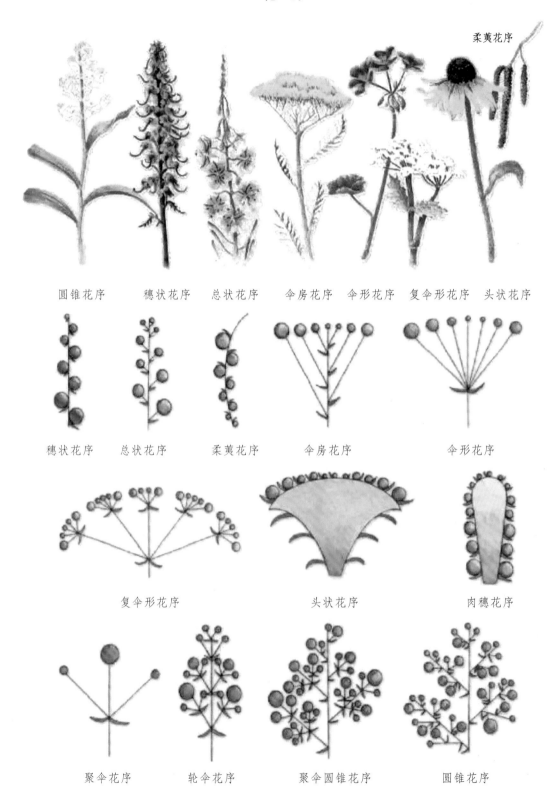

柔荑花序

圆锥花序　　　穗状花序　　　总状花序　　　伞房花序　　伞形花序　　复伞形花序　　头状花序

穗状花序　　　总状花序　　　柔荑花序　　　　伞房花序　　　　　　　伞形花序

复伞形花序　　　　　　　　　头状花序　　　　　　　　　肉穗花序

聚伞花序　　　轮伞花序　　　聚伞圆锥花序　　　　圆锥花序

花穗（裸子植物）

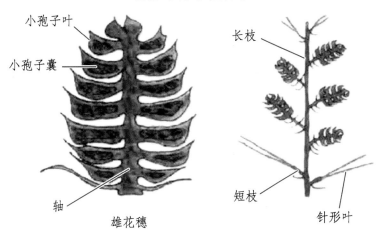

小孢子叶

小孢子囊

轴

雄花穗

长枝

短枝

针形叶

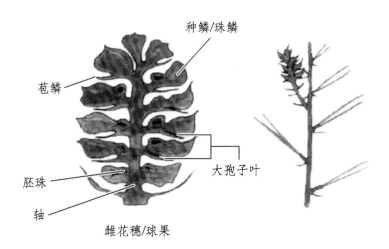

种鳞/珠鳞

苞鳞

胚珠

轴

大孢子叶

雌花穗/球果

芽

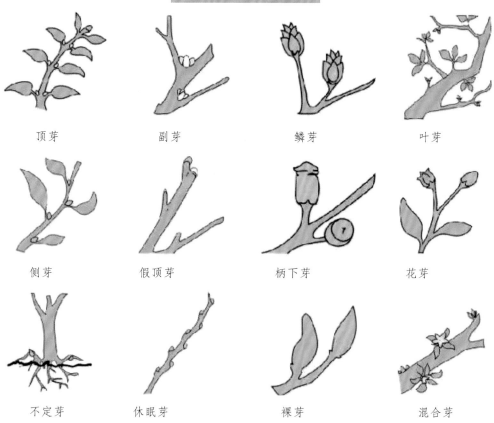

顶芽	副芽	鳞芽	叶芽
侧芽	假顶芽	柄下芽	花芽
不定芽	休眠芽	裸芽	混合芽

茎

直立茎

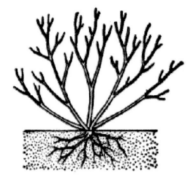

斜生茎

缠绕藤本

攀缘藤本

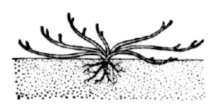

斜倚茎

平卧茎

匍匐茎

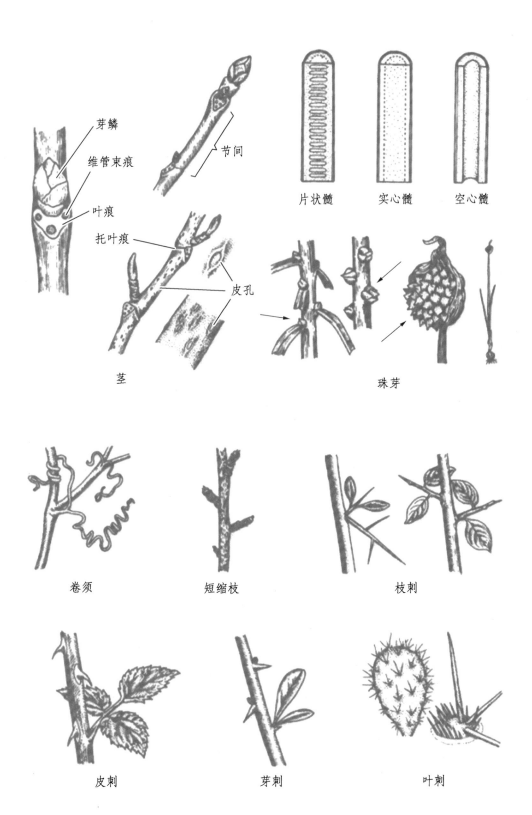

芽鳞

维管束痕

叶痕

托叶痕

皮孔

节间

片状髓　实心髓　空心髓

茎

珠芽

卷须　　　短缩枝　　　枝刺

皮刺　　　芽刺　　　叶刺

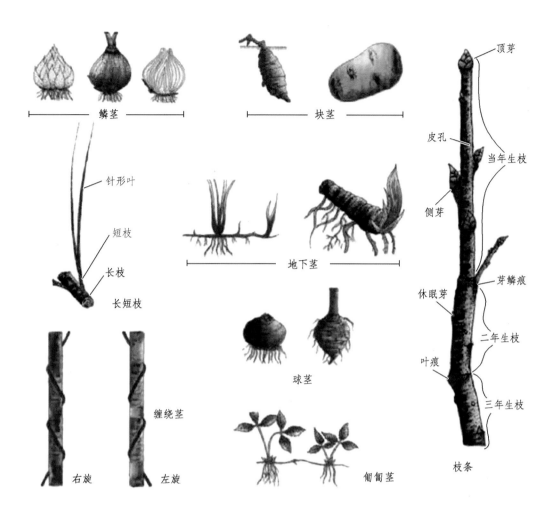

鳞茎　　　块茎　　　顶芽

针形叶　　　皮孔

短枝　　　当年生枝

长枝　　　地下茎　　　侧芽

长短枝

芽鳞痕

休眠芽

球茎　　　二年生枝

缠绕茎

叶痕

右旋　　　左旋　　　匍匐茎　　　枝条　　　三年生枝

根

乔木

灌木

上升

匍匐

平卧茎

匍匐茎

纤匍茎

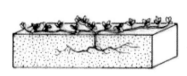

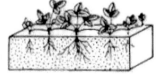

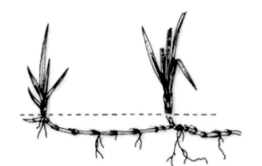

根出条

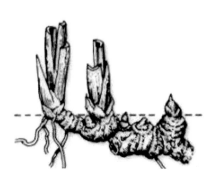

根状茎

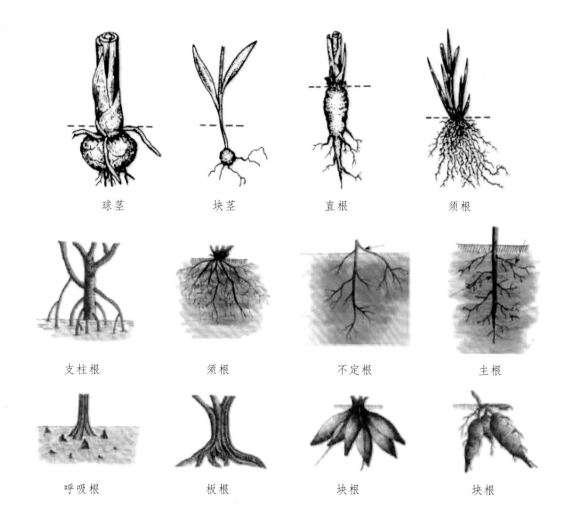

球茎　　　　　块茎　　　　　直根　　　　　须根

支柱根　　　　须根　　　　　不定根　　　　主根

呼吸根　　　　板根　　　　　块根　　　　　块根

果　实

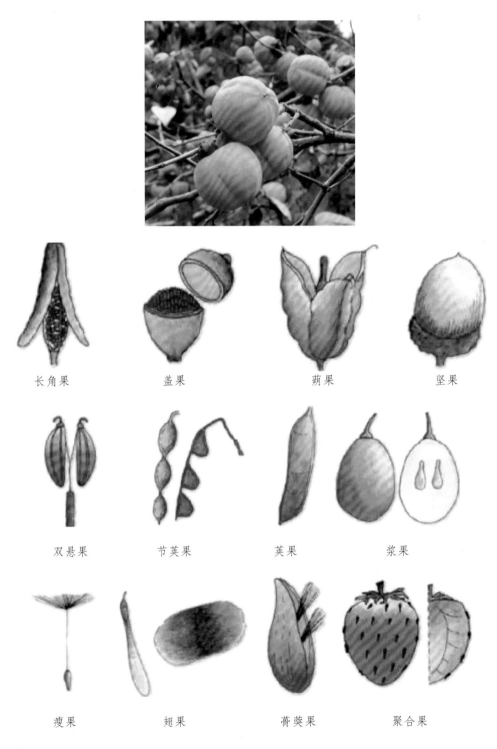

长角果　　　盖果　　　蒴果　　　坚果

双悬果　　　节荚果　　　荚果　　　浆果

瘦果　　　翅果　　　蓇葖果　　　聚合果

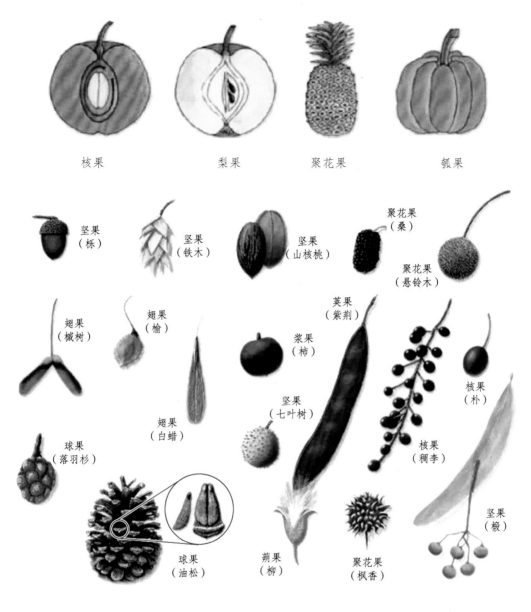

核果   梨果   聚花果   瓠果

坚果
（栎）

坚果
（铁木）

坚果
（山核桃）

聚花果
（桑）

聚花果
（悬铃木）

翅果
（槭树）

翅果
（榆）

荚果
（紫荆）

浆果
（柿）

核果
（朴）

翅果
（白蜡）

坚果
（七叶树）

核果
（稠李）

球果
（落羽杉）

坚果
（椴）

球果
（油松）

蒴果
（柳）

聚花果
（枫香）

肉　果

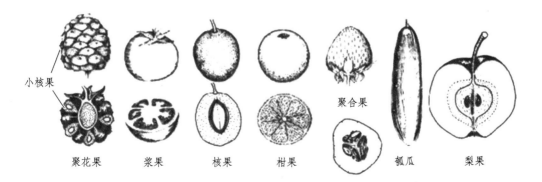

小核果

聚花果   浆果   核果   柑果   聚合果   瓠瓜   梨果

干　果

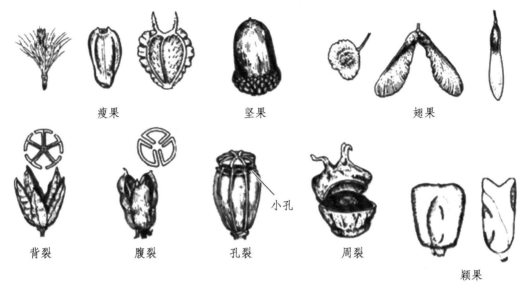

瘦果　　　　　　坚果　　　　　　翅果

背裂　　　腹裂　　　孔裂　　　周裂

小孔

颖果

蒴　果

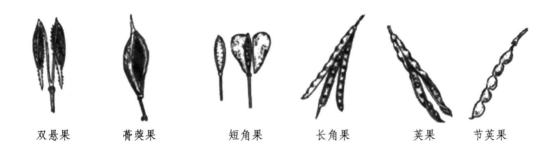

双悬果　　菁葖果　　短角果　　长角果　　荚果　节荚果

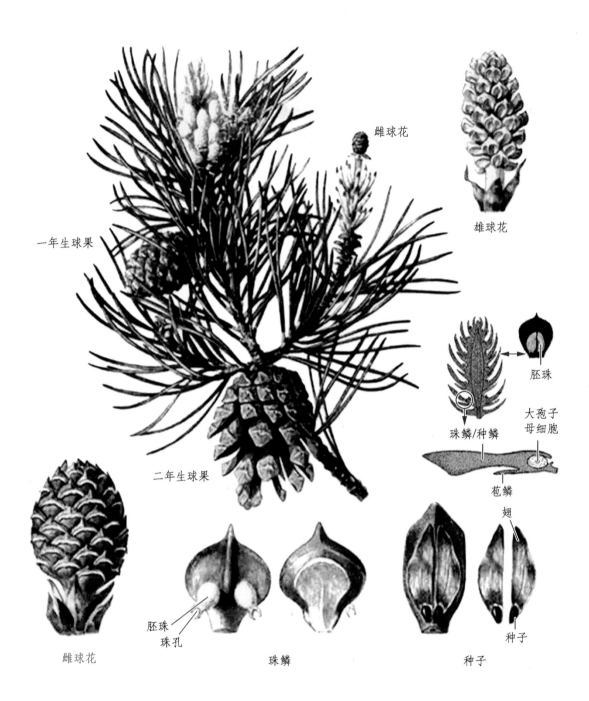

雌球花

雄球花

一年生球果

二年生球果

胚珠

珠鳞/种鳞

大孢子
母细胞

苞鳞

翅

雌球花

胚珠
珠孔

珠鳞

种子

种子

单双子叶植物区别

单子叶植物

单子叶

双子叶植物

双子叶

单子叶植物

须根系

双子叶植物

直根系

平行脉

网状脉

一个萌发孔

三个萌发孔

散生维管束

环状维管束

三基数

四或五基数

附录 C　拼音检索表

B

C

D

E

F

G

H

R